Larissa Maria Figueirôa Bacelar
Miller Souza Oliveira
Jéssyca Dondoni dos Santos

Proteção ótima de painéis de distribuição de BT em relação a faltas por arco elétrico

Larissa Maria Figueirôa Bacelar
Miller Souza Oliveira
Jéssyca Dondoni dos Santos

Proteção ótima de painéis de distribuição de BT em relação a faltas por arco elétrico

ScienciaScripts

Imprint

Any brand names and product names mentioned in this book are subject to trademark, brand or patent protection and are trademarks or registered trademarks of their respective holders. The use of brand names, product names, common names, trade names, product descriptions etc. even without a particular marking in this work is in no way to be construed to mean that such names may be regarded as unrestricted in respect of trademark and brand protection legislation and could thus be used by anyone.

Cover image: www.ingimage.com

This book is a translation from the original published under ISBN 978-3-330-34758-8.

Publisher:
Sciencia Scripts
is a trademark of
Dodo Books Indian Ocean Ltd. and OmniScriptum S.R.L publishing group

120 High Road, East Finchley, London, N2 9ED, United Kingdom
Str. Armeneasca 28/1, office 1, Chisinau MD-2012, Republic of Moldova, Europe
Printed at: see last page
ISBN: 978-620-7-88394-3

Índice

1. Visão geral

3.1 Introdução

A crescente preocupação com a segurança no trabalho tem provocado alterações na forma como as instalações eléctricas são projectadas, exploradas e geridas. Entre todos os riscos que envolvem a eletricidade, o arco voltaico é o mais perigoso para as pessoas. Devido à grande quantidade de energia libertada e à elevada temperatura gerada durante este fenómeno, os trabalhadores podem sofrer queimaduras graves ou mesmo morrer, o equipamento pode também ser danificado ou mesmo totalmente destruído.

Como a quantidade de energia incidente do arco elétrico é uma função do tempo, cada milésimo de segundo conta na corrida para reduzir a quantidade de energia incidente a que um indivíduo pode estar sujeito. Os arcos internos podem ser o resultado de:

- Influências externas, por exemplo, ferramentas esquecidas no interior do sistema ou quaisquer resíduos de material remanescentes após trabalhos de manutenção ou conversão;
- Depósitos condutores em elementos de suporte isolantes em condições ambientais desfavoráveis.

3.2 Objectivos

Este projeto tem como principal objetivo encontrar uma forma optimizada de sistemas de proteção existentes contra o arco elétrico nos comutadores de baixa tensão. Os outros objectivos deste estudo são:
- Revisão dos métodos dos sistemas de deteção de arco;
- Efetuar um estudo do sistema de segurança dos comutadores MNS da ABB;
- Verificar se são necessários barramentos isolados ou se o sistema de deteção de arco

elétrico já instalado no quadro elétrico é suficientemente bom para eliminar o risco, ou se ambos devem ser feitos;

- Investigar as limitações do sistema de proteção contra arco elétrico existente.

2. Revisão da literatura

2.1 Arco elétrico
2.1.1 O que é?

Um arco voltaico é um fenómeno em que uma corrente eléctrica elevada flui através do ar de um condutor em tensão para outro condutor ou para a terra a uma velocidade elevada (aproximadamente 100 m/s). Durante uma falha de arco, a temperatura aumenta muito rapidamente. As explosões e as ondas de alta pressão são outras consequências deste fenómeno, representando riscos para as pessoas que trabalham nos equipamentos onde tal pode acontecer. O comportamento de um arco num sistema trifásico é caótico, tendo uma alteração irregular e rápida da sua geometria.

2.1.2 Causas

Uma vez que a informação estatística sobre defeitos de arco voltaico não é muito descritiva, a estimativa das causas baseia-se na experiência prática. De acordo com [1], a maioria dos eventos de arco elétrico examinados foi causada por ligações defeituosas. Outras causas comuns são a degradação do isolamento e a contaminação. Assim, muitas falhas de arco começam sem interação humana direta e desenvolvem-se gradualmente [4].

Uma ligação defeituosa tem uma resistência mais elevada do que uma ligação saudável e aquece excessivamente quando a corrente de carga normal passa por ela. O aquecimento leva à expansão, qualquer presença de humidade e outra contaminação provoca oxidação e corrosão. A oxidação aumenta ainda mais a resistência da junta. Durante os períodos de carga reduzida ou sem carga, a ligação arrefece. Os ciclos repetidos de aquecimento e arrefecimento, bem como qualquer vibração na ligação, aumentam a resistência da junta, o que conduz a uma falha neste ponto de ligação. Finalmente, a temperatura sobe para níveis que provocam a fusão dos materiais da ligação e, eventualmente, resultam numa falha de arco.

A degradação do isolamento é outra das principais causas de falhas de arco. O tempo de vida de qualquer isolamento elétrico depende das tensões térmicas, eléctricas, ambientais e mecânicas [2].

As tensões térmicas podem resultar de operações repetidas de sobrecarga ou de uma junta solta. As tensões eléctricas nos materiais isolantes são causadas por descargas parciais (DP) e sobretensão. A DP é uma descarga localizada, que não atravessa dois eléctrodos [3]. Começa na superfície do isolador/isolamento devido a contaminação ou no interior dos materiais isolantes devido a vazios ou fissuras. Em aplicações de comutadores isolados a ar, as descargas superficiais são mais proeminentes. A DP conduz ainda a uma contaminação química localizada (ozono e ácidos nítricos). Estes contaminantes podem facilmente deteriorar certos materiais de isolamento, tanto química como mecanicamente. Os danos continuam a aumentar até causarem uma falha de arco fase-terra ou fase-fase.

A sobretensão é outra tensão eléctrica comum nos materiais isolantes. Cada tipo de material isolante tem uma tensão de punção na qual a sua resistência de isolamento se rompe permanentemente. O nível de tensão a que ocorre uma "punção" localizada do meio isolante é a rigidez dieléctrica ou tensão de punção. Quando é aplicada uma tensão suficiente, qualquer material isolante acabará por sucumbir à "pressão" eléctrica e ocorrerá um fluxo de electrões através dele. Quando a corrente é forçada a atravessar qualquer material isolante, ocorre a rutura da estrutura molecular desse material. Após a rutura, o material pode ou não comportar-se como um isolante, uma vez que a estrutura molecular do material foi alterada pela rutura. Mesmo níveis de sobretensão mais baixos causarão a deterioração gradual do isolamento, o que pode levar à DP e, em última análise, a um defeito por arco elétrico.

As tensões ambientais são o resultado de temperaturas ambientes excessivas, humidade, gás e produtos químicos presentes no ambiente. Por exemplo, o equipamento elétrico utilizado em ambientes corrosivos e em processos da indústria petroquímica terá uma esperança de vida mais curta do que o mesmo equipamento instalado num ambiente de ar fresco. Por vezes, a vibração mecânica no ambiente circundante do equipamento elétrico provoca danos mecânicos no material. Pequenas fissuras no material de isolamento podem causar o início de DPs e, finalmente, levar à destruição do isolamento [4].

Do ponto de vista da segurança, as falhas que se desenvolvem gradualmente podem ser consideradas menos perigosas para o pessoal do que as causadas por interação humana direta, porque nas falhas que se desenvolvem gradualmente é menos provável que haja pessoas na zona perigosa. No entanto, muitas avarias por arco se inflamam imediatamente, sem dar sinais (por exemplo, emissões) em que se possa basear a previsão.

Ferramentas escorregadias ou esquecidas e avarias no equipamento durante os trabalhos de manutenção são exemplos de interação humana direta que podem conduzir a um defeito por arco elétrico. Objectos estranhos ou animais também podem levar a uma falha imediata. Estes tipos de falhas são mais difíceis de prever por sistemas de monitorização em linha. Um tipo de opção de monitorização pode incluir detectores de movimento que podem mudar automaticamente os modos de proteção para uma definição de manutenção instantânea. No entanto, os sistemas de monitorização em linha só podem cobrir parte dos defeitos devidos ao arco elétrico e não devem ser o único meio de reduzir os riscos relacionados com o arco elétrico [4].

2.1.3 Os riscos

Por libertar uma grande quantidade de energia num curto espaço de tempo, o arco voltaico tornou-se um dos principais riscos no que diz respeito à eletricidade. As consequências deste fenómeno podem causar a perda de equipamentos e podem ferir gravemente ou mesmo matar os operadores que trabalham no equipamento.

A temperatura elevada é um dos efeitos mais preocupantes, podendo atingir os 20000^0 C, o que corresponde a quatro vezes a temperatura da superfície do Sol. Não há nenhum material na Terra que seja capaz de a suportar sem derreter e vaporizar. Para além da temperatura elevada, há outros riscos com que nos devemos preocupar durante um evento de arco, tais como vapores de metal tóxico, projeção de metal fundido, luz extremamente brilhante e uma onda de pressão significativa.

Esta onda de pressão é causada pela alta temperatura, que provoca uma expansão explosiva do ar e dos materiais existentes que se encontram no trajeto do arco. Por exemplo, o cobre sofrerá uma expansão de 67000 vezes quando passa do estado sólido para o estado de vapor. Esta pressão pode facilmente ultrapassar as centenas ou mesmo milhares de kgf/m^2 , o que pode atingir trabalhadores que não estejam tão próximos do equipamento onde ocorreu o arco, podendo romper-lhes os tímpanos ou danificar-lhes os pulmões. O material sólido e o metal fundido são expelidos para longe do arco a velocidades que podem ultrapassar os 1200 km/h, o que é suficiente para que as partículas penetrem num corpo humano. Relativamente à luz emitida, o espetro de frequência de um arco inclui uma grande proporção de radiação nos raios ultravioleta que pode causar danos graves na retina do olho de um ser humano.

Em suma, de acordo com [5], os riscos para as pessoas são os seguintes

- Queimaduras;

- Traumatismo craniano;

- Os pulmões esmagam;

- Surdez;

- Ferimentos causados por estilhaços;

- Fracturas ósseas;

- Cegueira;

- Morte.

Um arco elétrico pode inflamar o vestuário de um trabalhador, aumentando substancialmente o risco de queimaduras. Por este motivo, o vestuário de proteção contra agentes térmicos é utilizado nas actividades sujeitas ao risco de arco elétrico. Em geral, estas actividades são:

- Trabalhar em circuitos eléctricos sob tensão com tensão superior a 120V;

- Inserção ou remoção de gavetas, contactores e disjuntores com a porta do painel aberta;

- Funcionamento de contactores, disjuntores, quadros eléctricos, gavetas, transformadores de corrente e interruptores de fusíveis com a porta do painel aberta;

- Remoção de tampas de parafusos que exponham partes energizadas;

- Abrir coberturas com dobradiças que exponham os barramentos ou as partes sob tensão;

- Abertura dos compartimentos dos transformadores de tensão;

- Actividades do termógrafo com a porta do painel aberta.

2.2 Normas

2.2.1 A CEI

A Comissão Eletrotécnica Internacional (IEC), com sede em Genebra, Suíça, é a organização que prepara e publica normas internacionais para todas as tecnologias eléctricas, electrónicas e afins [7]. A norma de interesse neste projeto é a IEC 61439 "Low-voltage switchgear and controlgear assemblies", que normalmente todos os países europeus seguem. A IEC 61439 cancela e substitui a primeira edição da IEC 60439.

2.2.2 Alterações significativas da IEC 60439 para a IEC 61439

Em 1993, a norma IEC 60439 resumiu, pela primeira vez, os vários tipos de quadros de distribuição de energia, categorizando-os com os termos TTA (conjuntos de aparelhagem de comutação e de controlo testados quanto ao tipo) e PTTA (conjuntos de aparelhagem de comutação e de controlo parcialmente testados quanto ao tipo).

Foram introduzidas alterações significativas no que respeita a:

- A expressão "conjuntos de aparelhagem de baixa tensão" substitui TTA e PTTA;

- A norma IEC 61439 especifica as questões a esclarecer entre o fabricante do conjunto de aparelhagem de comutação e de controlo e o seu utilizador. É vista como uma chamada "caixa negra" e entra em contacto com o ambiente de instalação. Para o eletricista, as vantagens do conceito de caixa negra são, por um lado, uma simplificação significativa do seu trabalho e, por outro, uma segurança optimizada devido à utilização de sistemas de quadros de distribuição de energia pré-fabricados [10];

- A norma IEC 61439 acrescenta uma descrição sobre as áreas de responsabilidade de todas as partes envolvidas.

Foram introduzidos novos termos, relacionados com a responsabilidade pelo produto, que apresentam uma divisão entre o "fabricante original" (por exemplo, a ABB, responsável pela realização do projeto original e pela verificação associada de um conjunto) e o

"fabricante de montagem" (por exemplo, um fabricante de painéis que utiliza um sistema de montagem de um fabricante original) [10].

2.2.3 A norma IEC 61439

Esta norma especifica os requisitos de segurança para os conjuntos de aparelhos de controlo em termos de sistema elétrico. Estes requisitos envolvem: Sistema de aterramento, tensão nominal, sobretensões transitórias, capacidade de resistência a curto-circuito, proteção de indivíduos contra choque elétrico, instalação ambiental e método, arranjos operacionais e projeto de montagem, processos de verificação de rotina etc.

Muitas das regras descritas na norma CEI 61439 dizem respeito à capacidade do aparelho de comutação para proporcionar proteção às pessoas. Por exemplo, os métodos utilizados para a proteção contra o contacto com partes sob tensão fazem parte integrante da proteção das pessoas contra choques eléctricos. São descritos em termos de proteção básica (proteção contra o contacto direto) e proteção contra falhas (proteção contra o contacto indireto).

A proteção básica, de acordo com a norma, é conseguida através do isolamento total das partes sob tensão perigosas; as partes sob tensão isoladas do ar também estarão dentro de caixas ou atrás de barreiras.

Entretanto, a proteção contra falhas minimizará as consequências de uma falha. No que diz respeito a falhas no interior do conjunto, o próprio conjunto tem de incluir uma proteção que inicie automaticamente a desconexão da alimentação de um circuito em falha e/ou do conjunto completo. Além disso, a norma permite que seja utilizada pelo menos uma das três medidas de proteção previstas na norma: circuitos de proteção para defeitos em circuitos externos alimentados através do conjunto, separação eléctrica ou proteção por isolamento total [6].

2.2.4 NEMA

A National Electrical Manufacturers Association (NEMA) é a associação dos fabricantes de equipamento elétrico dos Estados Unidos [9]. Foi fundada em 1926 e mantém a sua sede em Arlington, Virgínia. Embora sediada nos Estados Unidos, a NEMA é uma organização mundialmente reconhecida que lida com normas eléctricas.

Tradicionalmente, o equipamento fabricado de acordo com as normas NEMA é utilizado predominantemente na América do Norte. No entanto, em alguns países, que fabricam principalmente de acordo com as normas IEC, as normas NEMA são frequentemente reconhecidas como um suplemento ou substituto aceitável das normas IEC [11].

2.2.5 Diferenças entre IEC e NEMA

Existem algumas diferenças básicas nos sistemas de energia na América do Norte e na Europa, como a frequência do sistema de energia, que é de 60 Hz na América do Norte e 50 Hz na Europa. Essa é uma das diferenças entre um produto IEC e um produto NEMA. Além disso, em geral, a filosofia da NEMA dá ênfase a designs mais robustos para uma aplicabilidade mais alargada. Por conseguinte, os produtos NEMA são normalmente maiores e mais pesados do que os produtos IEC.

Por exemplo, um contactor NEMA tamanho 1 (utilizado para o arranque de equipamento elétrico) tem uma potência nominal de 10HP a 460V, o que requer uma capacidade de comutação de 14A. No entanto, este contactor tem uma corrente contínua nominal de 27A, o que significa um fator de segurança de 100%. Um contactor IEC com uma potência nominal de 10HP a 460V tem uma corrente nominal típica de 16-18A. Isto resulta num fator de segurança de 15-30%. Devido a uma margem de segurança menor, a vida eléctrica de um contactor IEC deve ser tida em consideração, enquanto que a vida eléctrica de um contactor NEMA não precisa de ser considerada durante o processo de seleção.

A Tabela 1 abaixo mostra as diferenças, vantagens e desvantagens entre as normas IEC e NEMA.

TABELA 1 - IEC x NEMA [14]

Os IEC são normalmente mais baratos.	A NEMA pode suportar melhor as sobrecargas.
O IEC ocupa muito menos espaço.	A NEMA exige menos precisão na conceção.
O arrancador IEC inclui deteção monofásica.	A NEMA é melhor para aplicações com incertezas de carga.
Os arranques IEC permitem uma deteção mais rápida das condições de sobrecarga.	A NEMA resiste mais facilmente a curto-circuitos.
O IEC é seguro para os dedos.	A NEMA é mais robusta e pode suportar melhor os abusos.

A diferença importante entre as normas para este projeto diz respeito ao isolamento dos barramentos principais. Pela IEC 61439 é opcional, o que significa que a decisão fica a cargo do cliente. Enquanto isso, a NEMA diz que o barramento primário e as conexões precisam ser isolados, mas nada específico para os barramentos principais [15].

2.2.6 Cálculos de arco elétrico

A Norma IEEE 1584™ contém procedimentos passo a passo para calcular a energia incidente disponível à qual um trabalhador pode ser exposto. Os factores utilizados nos cálculos incluem a corrente de defeito disponível (aparafusada), a tensão, o método de ligação à terra, o tipo de equipamento e a construção. Para além disso, existem valores constantes que podem ser determinados ou aproximados com base em tabelas incluídas na norma.

O cálculo da energia incidente é um processo em três etapas que consiste no seguinte:

- Cálculo de duas correntes de arco a partir das correntes de defeito aparafusadas disponíveis;

- Cálculo da energia incidente normalizada em cada corrente de arco;

- Conversão da energia incidente normalizada para a energia incidente real com base em factores reais (tempo de limpeza, factores de equipamento, etc.).

A etapa final listada acima consiste na conversão da energia incidente normalizada previamente calculada para a energia incidente real. Este processo tem em consideração os factores do equipamento e os tempos de eliminação de falhas com base na proteção existente. Também assume que todos os dispositivos, incluindo relés, fusíveis e disjuntores, funcionam corretamente [16].

São utilizadas duas equações consoante a tensão do sistema:

1. *A Corrente de Arco* [17]

Para aplicações inferiores a 1000V:

$$lgl_a = K + 0,662 lgl_{bf} + 0,0966V + 0,000526G + 0,5588V\,(lgl_{bf}) - 0,00304G(lgI_{bf}$$

$$)(1)$$

Para aplicações de 1000V e superiores:

$$lgl_a = 0,00402 + 0,983\,lgl_{bf}\,(2)$$

Converter de *lg*

$la = 10^{""""}$ (3)

Onde:

lg é o log10;

I_a é a corrente de defeito por arco (kA);

K é -0,153 para configurações abertas e -0,097 para configurações em caixa;

I_b f é a corrente de defeito aparafusada para defeitos trifásicos (RMS simétrico) (kA);

V é a tensão do sistema;

G é a distância entre os condutores, (mm) (ver quadro 3);

Calcular uma segunda corrente de arco igual a 85% de I_a , para que se possa determinar a duração do segundo arco.

2. A energia incidente [17]

As equações seguintes devem ser utilizadas para ambos os valores de I_a determinados na primeira etapa.

$$lgE_n = K_1 + K_2 + 1.081 lg I_a + 0.0011G \quad (4)$$

$$E_n = 10^{lgE_n} \quad (5)$$

$$E = C_f E_n \left(\frac{t}{0.2}\right) \left(\frac{610^x}{D^x}\right) \quad (6)$$

Para os locais onde a tensão é superior a 15kV, é utilizado o método Lee.

$$E = 5.12x10^5 V I_{bf} \left(\frac{t}{D^2}\right) \quad (7)$$

Onde:

E_n é a energia incidente (cal/cm^2) normalizada em função do tempo e da distância;

K1 é -0,792 para as configurações abertas e 0,555 para as configurações em caixa;

K2 é 0 para sistemas sem ligação à terra ou com ligação à terra de alta resistência e -0,113 para sistemas com ligação à terra;

G é a distância entre os condutores, (mm) (ver quadro 3);

E é a energia incidente (cal/cm2);

Cy é um fator de cálculo: 1,0 para tensões superiores a 1kV, 1,5 para tensões iguais ou inferiores a 1kV; t é o tempo de arco (segundos);

é a distância do possível ponto de arco à pessoa (mm);

x é o expoente de distância do quadro 3;

I_b y é a corrente de defeito aparafusada para defeitos trifásicos (RMS simétrico) (kA);

V é a tensão do sistema;

O tempo de arco t é o tempo de extinção para o dispositivo de proteção do lado da fonte que elimina o defeito em primeiro lugar.

3. *O limite do Flash* [17]

O limite de flash é a distância de uma falha de arco onde a energia incidente é igual a 1,2 cal/cm^2 .

Para o modelo IEEE Std 1584-2002 derivado empiricamente:

$$D_B = \left[C_f E_n \left(\frac{t}{0.2} \right) \left(\frac{610^x}{E_B} \right) \right]^{\frac{1}{x}} \quad (8)$$

For the Lee method

$$D_B = \sqrt{5.12 x 10^5 V I_{bf} \left(\frac{t}{E_B} \right)} \quad (9)$$

Onde:

D_B é a distância do limite ao ponto de arco (mm);

E_n é a energia incidente (cal/cm2) normalizada para o tempo e a distância;

Cy é um fator de cálculo 1,0 para tensões superiores a 1kV, 1,5 para tensões iguais ou inferiores a 1kV; t é o tempo de arco (segundos);

E_B é a energia incidente em cal/cm2 na distância limite;

x é o expoente de distância do quadro 3

I_b y é a corrente de defeito aparafusada para defeitos trifásicos (RMS simétrico) (kA);

QUADRO 2 - Distâncias de trabalho típicas [17]

Classes de equipamento	Distância de trabalho típica
Aparelhagem de 15 kV	910 mm
Aparelhagem de 5 kV	910 mm
Aparelhagem de baixa tensão	610 mm
CCMs e quadros de baixa tensão	455 mm

Cabo	455 mm
Outros	Determinado no terreno

QUADRO 3 - Factores de equipamento e classes de tensão [17]

Tensão do sistema (kV)	Tipo de equipamento	Espaço típico do condutor (mm)	Distância x Fator
0.208-1	Ao ar livre	10-40	2.000
	Aparelhagem de comutação	32	1.473
	CCM e painéis	25	1.641
	Cabo	13	2.000
>1-5	Ao ar livre	102	2.000
	Aparelhagem de comutação	13-102	0.973
	Cabo	13	2.000
>5-15	Ao ar livre	13-153	2.000
	Aparelhagem de comutação	153	0.973
	Cabo	13	2.000

2.3 Ensaios

As normas relacionadas com o processo de ensaio e o que acontece durante um evento de arco elétrico definem métodos de ensaio de equipamento e vestuário para garantir a independência do laboratório de ensaio no processo de certificação.

A norma IEC 61482-1 fornece uma plataforma de ensaio e um procedimento para a realização de ensaios de vestuário e materiais para o desempenho da segurança contra o arco elétrico [18]. O desempenho de conjuntos de comutadores de baixa tensão em condições de arco devido a uma falha interna é ensaiado num laboratório de alta potência [19].

O principal objetivo da simulação dos arcos internos no laboratório de alta potência é verificar a proteção do pessoal, por exemplo, um operador, que está na presença do aparelho de distribuição no terreno, caso ocorra uma falha interna. Embora possam ser tomadas medidas no projeto dos comutadores para evitar a ocorrência de arcos internos, pode sempre haver uma possibilidade mínima de uma ocorrência inesperada que prejudique o isolamento de uma peça aleatória ou de um componente que se desenvolva num arco interno.

Este guia de testes tem muitas ressalvas, mas, para simplificar, as seguintes regras são geralmente aplicadas:

- O ensaio é efectuado à tensão máxima nominal do equipamento;

- A corrente nominal de arco é especificada pelo fabricante e é mantida constante durante toda a duração do ensaio. O valor preferido da corrente de arco é a corrente nominal de curta duração do equipamento;

- Os arcos iniciados emulam todas as localizações prováveis de falhas de arco que poderiam ocorrer em condições reais de serviço [20].

Os testes realizados pelo NEFI High Power Laboratory, responsável pelos testes dos comutadores ABB em Skien, utilizaram, no dia da visita do grupo, as seguintes classificações numa média tensão:

- A corrente admissível em condições de arco (Ip arc) e o tempo de arco associado (tarc) foi de 50 kA - 1s (Anexo 3).

Os testes são efectuados com uma alimentação trifásica e um fio de cobre fino que liga as 3 fases, iniciando o arco.

Pode ser utilizada uma tampa de descompressão como parte do invólucro para libertar os gases pressurizados do topo ou da parte de trás do conjunto para a área circundante, impedindo que os indicadores de algodão, colocados a 30 cm de distância de todos os lados acessíveis ao operador do conjunto até uma altura de 2 metros, se inflamem. Ver Figura 1 para mais pormenores. Estes indicadores inflamam-se aproximadamente com o mesmo nível de energia que causaria queimaduras de segundo grau nos seres humanos [20].

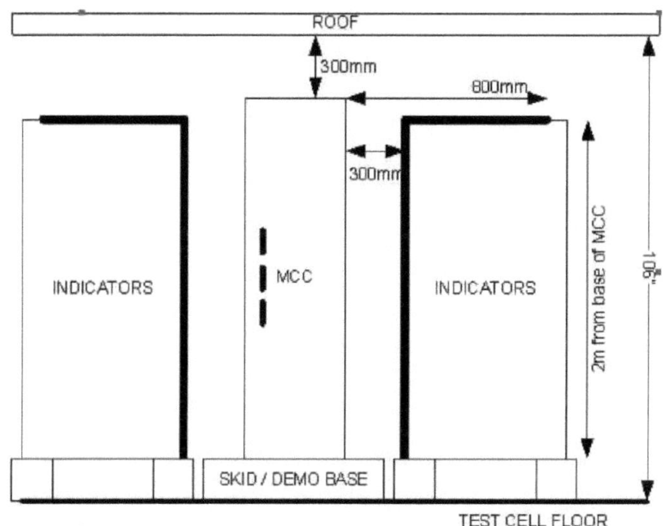

Figura 1 - Vista frontal de uma instalação de ensaio

Existem cinco critérios na categoria proteção pessoal:

- O indicador de algodão pode não se inflamar;

- As portas, coberturas, etc. podem não abrir;

- As peças que causam perigo não podem desprender-se;

- O arco voltaico não pode provocar furos nas partes acessíveis do invólucro;

- O circuito de proteção das partes acessíveis do invólucro deve continuar a ser eficaz.

Os procedimentos para o teste são os seguintes:

1) *Disposição do objeto de ensaio*

O objeto de teste é isolado do chão e ligado à terra como no serviço normal. O PE (condutor de ligação à terra de proteção) é ligado diretamente ao ponto neutro da fonte de corrente de ensaio. Não existe um condutor neutro no conjunto testado. Opcional: é construído um teto por cima da célula de ensaio com uma distância máxima de 300 mm entre o topo da amostra de ensaio e o teto (ver Figura 1). No entanto, não é exigido pela norma.

2) *Circuito de alimentação*

O ensaio de arco voltaico é efectuado como um ensaio trifásico e as amostras de ensaio são fornecidas de acordo com a disposição normal de serviço. A tensão aplicada ao circuito de ensaio é de 105 % da tensão nominal de funcionamento ± 5 %. Os ensaios são efectuados a 50 Hz e abrangem também 60 Hz e vice-versa.

3) *Iniciação do arco*

O arco é iniciado por meio de um pequeno fio de cobre que coloca as três fases em curto-circuito. Este fio fusível deve ser suficientemente pequeno para se evaporar e criar um caminho de corrente através de um plasma numa questão de décimos de milissegundos. A falha é iniciada colocando o fio em vários pontos do equipamento, nomeadamente no barramento principal e de secção, nos terminais dos cabos e nos seccionadores primários dentro do compartimento do disjuntor. Se os condutores estiverem isolados, então nas quebras ou transições do meio isolante, devem ser feitas aberturas para ligar o fio diretamente aos condutores trifásicos nesses locais [20].

4) *Duração do teste*

O período máximo de tempo durante o qual o equipamento sofre o defeito de arco interno e cumpre os critérios de ensaio é a duração nominal do arco. A duração nominal preferida do arco voltaico é de 0,5 segundos, sendo o mínimo recomendado de 0,1 segundos. A duração nominal do arco voltaico está documentada na placa de identificação do equipamento. O equipamento de alimentação a montante deve ser coordenado para evitar que a corrente de arco se mantenha durante mais tempo do que a duração nominal marcada.

5) *Amostras de ensaio*

Para cada ensaio efectuado, pode ser utilizada uma nova amostra, embora o fabricante possa permitir a realização de vários ensaios com uma única amostra, correndo-se o risco de uma falha devido a um ensaio anterior. Considera-se que as amostras de ensaio estão totalmente equipadas [19].

3. Sistemas de proteção contra o arco elétrico

A eliminação ultra-rápida de falhas de arco elétrico em painéis de comutação é essencial para controlar os riscos de arco elétrico. Reduzir o tempo de arco através de uma deteção mais rápida é a forma mais prática de reduzir os níveis de energia dos incidentes e melhorar a segurança no local de trabalho.

3.1 Proteção à velocidade da luz

Nos sistemas de proteção modernos, a necessidade de funcionamento em poucos milissegundos é normalmente satisfeita através da deteção da luz de um arco voltaico e do início da ação de disparo através de elementos de disparo de estado sólido. Esta abordagem é reconhecida na norma IEC 62271200.

A intensidade da luz libertada instantaneamente por uma falha de arco pode ser milhares de vezes mais brilhante do que a luz ambiente normal. Este fenómeno é usado em relés de deteção de arco elétrico para atingir tempos de operação mais rápidos do que é possível com relés convencionais. Sensores ópticos detectam o aumento repentino da intensidade da luz. Elementos de proteção de sobrecorrente de alta velocidade são usados como detectores de falha para supervisionar o sistema ótico para segurança.

A primeira geração de proteção contra arco elétrico, que data do início dos anos 90, utiliza apenas receptores de luz de ponto único chamados sensores de lente. Neste tipo de sistema, os sensores de lente estão normalmente localizados em cada cubículo onde possa ocorrer um arco elétrico. Cada sensor de lente é orientado individualmente para uma localização mais precisa da falha de arco elétrico e ligado radialmente à eletrónica através de uma fibra revestida.

A partir de cerca de 2000, para além dos sensores de lentes tradicionais, este sistema inclui um tipo de sensor de luz radicalmente diferente: um sensor longo de fibra ótica não revestida que pode absorver a luz em todo o seu comprimento [21].

3.1.1 Vantagens dos sensores de fibra ótica

Existem várias vantagens na tecnologia de sensores de fibra ótica. Em primeiro lugar, a fibra não revestida permite a entrada de luz através da sua superfície exposta, que se propaga de volta para a eletrónica - tornando efetivamente toda a fibra num sensor. Isto reduz drasticamente o custo de instalação. Um único sensor de fibra ótica pode ter até 60 metros de comprimento, cobrindo normalmente a mesma zona de proteção a um custo muito inferior ao dos sensores de lente isolados. Em segundo lugar, são eliminadas quaisquer preocupações com sombras de estruturas internas que possam bloquear a exposição direta a um arco voltaico. Em terceiro lugar, se o sensor de fibra estiver configurado num circuito, o sistema pode fornecer uma auto-verificação regular da integridade e continuidade do sensor.

3.1.2 Relé de deteção de arco

A onda de luz de um arco voltaico é dirigida do sensor para o detetor localizado no relé de proteção. A entrada do sensor é conectada a um transmissor no relé e a saída é conectada a um detetor no relé. Esta ligação em laço permite o teste periódico do sistema, injetando luz do transmissor através do laço e de volta ao detetor. Este sistema de ligação em anel funciona tanto com o sensor de lente como com o sensor de fibra nua.

A proteção de sobreintensidade de alta velocidade deve atuar tão rapidamente como a deteção de arco. Somente os transformadores de corrente conectados à fonte (normalmente nos disjuntores principais) precisam ser conectados. Portanto, a corrente usada para acionar um disparo é derivada pela amostragem da corrente do alimentador e usando um algoritmo de deteção rápida para sinalizar que ocorreu uma falta. Este defeito é então comparado com os níveis de disparo dos sensores de deteção de arco para determinar se se justifica um disparo por arco-flash [45].

A partir deste ponto, o operador utiliza os ajustes do relé de proteção para definir quais as acções que devem ser tomadas após a deteção de um arco, tais como a emissão de um comando de disparo para o disjuntor ou o envio de alarmes remotos, a fim de extinguir o arco o mais rapidamente possível.

Os sistemas de deteção de arco elétrico são sistemas de proteção autónomos. Não precisam de ser coordenados com os sistemas de proteção existentes. Consequentemente, não é necessário atrasar o disparo para coordenação com outra proteção [16]. As saídas de estado sólido (por exemplo, transístores bipolares de porta isolada (IGBT)) são muito mais rápidas do que os relés electromecânicos e podem funcionar em 200 microssegundos [24].

A sensibilidade do relé à luz pode ser ajustada manualmente ou controlada automaticamente. Quando ajustado para o modo automático, ele ajusta constantemente seu limiar de sensibilidade aos níveis de iluminação de fundo que mudam relativamente devagar e que podem resultar da abertura de uma porta de compartimento, por exemplo. A regulação manual do nível de intensidade luminosa pode ser mais adequada nos casos em que possam ocorrer alguns arcos normais de baixo nível [22]. Tipicamente, a maioria dos relés de arco elétrico usam sensores de luz com limiares de deteção fixos definidos em algum lugar na faixa de 8.000 a 10.000 lux de intensidade de luz, evitando disparos incómodos [24].

3.1.3 Tempo de apuramento

O tempo de arco representa o tempo total de eliminação do defeito. Quando um disjuntor está envolvido, este tempo consiste no tempo de operação do relé mais o tempo de abertura do disjuntor. O tempo de funcionamento do relé depende muito do tipo de proteção utilizado. A sobrecorrente instantânea (dispositivo ANSI 50) e o diferencial de barramento (dispositivo ANSI 87) são relativamente rápidos, com tempo de operação típico de 2-3 ciclos [16]. Em suma, o tempo de disparo dos sistemas de deteção foi reduzido para apenas 1 ms, desde a deteção do arco até ao sinal de disparo de saída.

Relativamente aos disjuntores, é importante ter em consideração algumas das suas características, como a frequência do sistema, a corrente de defeito e as especificações do disjuntor. Assim, tudo isto representa um atraso adicional ao efeito do disjuntor no tempo de corte [23]. No entanto, os disjuntores atualmente disponíveis no mercado demoram tipicamente 35-50ms adicionais a abrir [24]. De acordo com a Norma IEEE 1584™, os tempos de funcionamento dos disjuntores variam entre 1,5 ciclos e 8 ciclos, consoante a classe de disjuntor em causa. A Tabela 4 lista o tempo de funcionamento típico referenciado nesta norma.

QUADRO 4 - Tempo de funcionamento do disjuntor de potência [17]

Classificação do disjuntor, tipo	Hora de abertura a 30 Hz
Baixa tensão (caixa moldada) (<1000V) (disparo integral)	1,5 ciclos
Baixa tensão (caixa isolada) (<1000V) (disjuntor de potência) (disparo integral ou com relé)	3.0 ciclos
Média tensão (1-35 kV)	5.0 ciclos
Alta tensão (>35 kV)	8,0 ciclos

3.1.4 Auto-teste

Como mencionado anteriormente, o sensor de fibra, se estiver em loop, pode ser constantemente verificado pelo sistema. Um LED no transmissor do relé de proteção emite impulsos de luz a um intervalo regular e monitoriza, através de um detetor ótico, o retorno destes impulsos, reflectidos nas lentes dos sensores de luz. A verificação do circuito ótico permite que o relé envie alarmes em caso de rutura do circuito, através de comunicação série, Ethernet, contacto ou display.

3.1.5 Exemplos

<u>Uma aplicação simples de circuito único</u>

A Figura 2 ilustra a utilização de um único sensor de fibra ótica cobrindo quatro alimentadores separados. Se for detectado um arco e o limiar do detetor de falhas for excedido em pelo menos uma fase, os disjuntores do lado alto e do lado baixo são disparados através dos relés de disparo de estado sólido de alta velocidade.

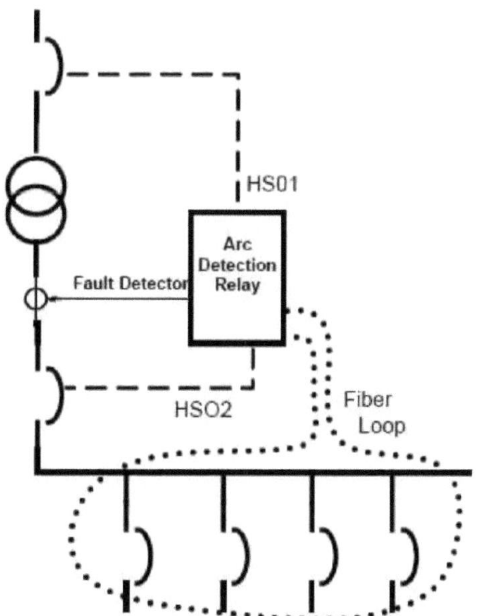

Figura 2 - Disposição do laço de fibra simples [22]

<u>Aplicação de disparo seletivo</u>

Neste exemplo, Figura 3, uma versão da unidade de extensão é adicionada para oferecer deteção independente de arco elétrico para faltas a jusante. A unidade de extensão disparará o disjuntor do alimentador relacionado se for detectado um arco voltaico pelo seu sensor de laço. Ao mesmo tempo, comunicará à unidade central que foi emitido um disparo a jusante. Se o defeito não for eliminado dentro do tempo programado, a unidade central disparará os seus disjuntores associados, proporcionando assim uma proteção coordenada de reserva contra arco elétrico e eliminação selectiva de defeitos.

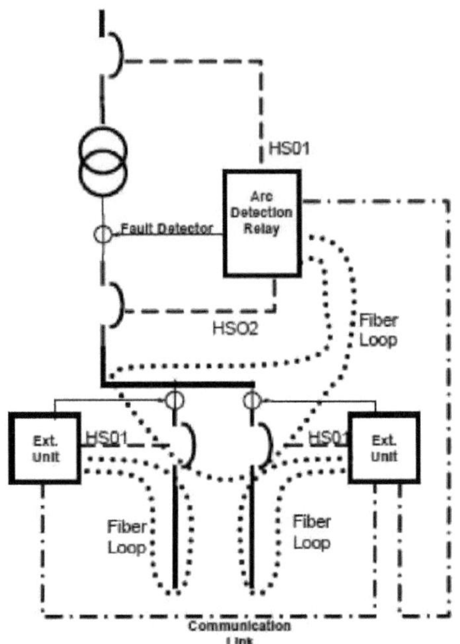

Figura 3 - Exemplo de disparo seletivo [22]

3.2 Deteção de som

Para além da luz, um fator alternativo que pode ser detectado e medido é o som. Foi desenvolvida uma tecnologia para detetar um arco elétrico, que já se encontra disponível no mercado. Um exemplo que utiliza esta tecnologia é o sistema Multilin A60, GE [26]. Este dispositivo detecta tanto a luz como o som induzidos pelo arco elétrico.

A diferença de velocidade entre a luz (3×10^8 m/s) e o som (343m/s) gera um sinal de atraso de tempo único que diferencia um evento de arco elétrico de outras fontes de luz e som. Um controlador pode então acionar dispositivos/desligadores de energia. A Figura 4 mostra as assinaturas luminosas e sonoras e o tempo necessário

24

para detetar o arco elétrico, sendo necessário menos de 1 ms para detetar o arco elétrico e emitir um sinal de disparo para eliminar a avaria.

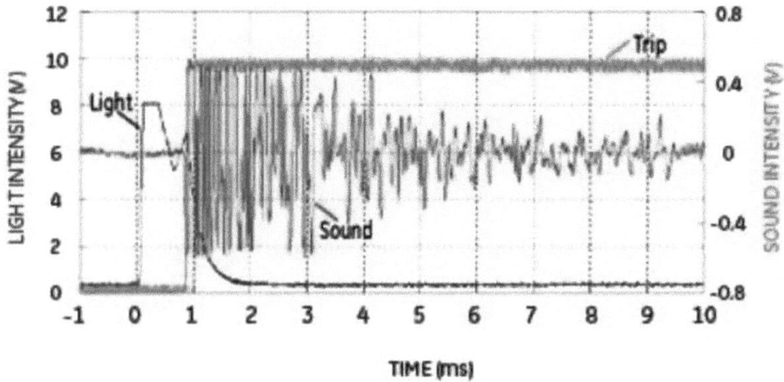

Figura 4 - Sinal de luz - som [26]

O sistema está ilustrado na Figura 5 e é constituído por uma cabeça de sensor, um cabo de fibra, uma placa de interface e uma unidade central de processamento. A cabeça do sensor é instalada perto da potencial fonte de arco elétrico e a unidade central de processamento detecta as assinaturas luminosas e sonoras e envia um sinal de disparo para o dispositivo de extinção de arco elétrico. Podem ser ligados vários módulos de interface a um controlador ou relé [25].

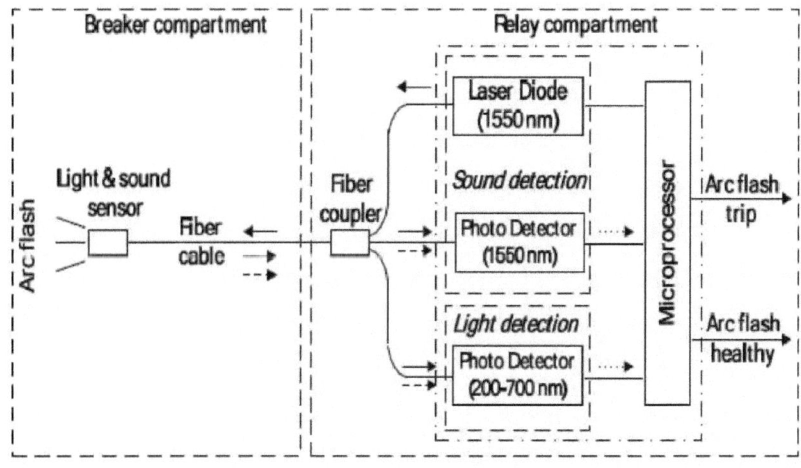

Figura - 5 Diagrama de blocos do sensor de luz e som [25]

Especificamente, a cabeça do sensor detecta a luz e a onda de pressão utilizando LEDs, fibra nua e uma membrana. A fibra de luz capta o flash de luz da fibra nua no sensor e transmite-o para o controlador ou relé. Numa segunda fibra, um LED emite luz. Esta luz é transportada através da fibra, reflectida pelo diafragma e recolhida pela mesma fibra de volta à unidade principal. Durante um evento de arco elétrico, o diafragma vibra devido à onda sonora pressurizada, criando uma assinatura que é reconhecida pelo sistema [26].

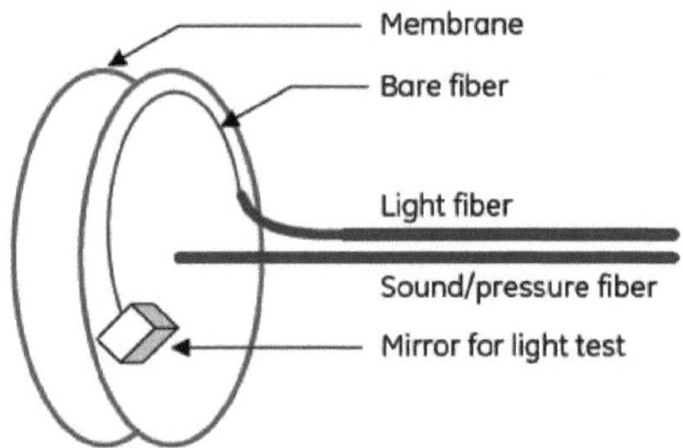

Figura 6 - Tecnologia de sensores de luz e pressão

A luz e o som podem oferecer um método para detetar um evento de arco elétrico sem a necessidade de medir a corrente e para identificar um evento de falha de arco numa variedade de tipos de equipamento e aplicações. No entanto, para obter mais segurança, pode ser utilizada uma supervisão de corrente adicional. O sistema permite o sinal externo de um relé de sobrecorrente instantâneo. A supervisão da corrente é recomendada quando as correntes de arco/curto-circuito são superiores às correntes de carga normais e a velocidade de funcionamento é superior a 3-4 ms.

Uma vez que a tecnologia de arco elétrico sugerida funciona à velocidade da luz e do som, a cobertura da distância dos sensores pontuais é um fator importante a estudar. A velocidade global de proteção medida é de 1-2 ms a partir da deteção da luz e de menos de 4 ms após a injeção de corrente, ver Quadro 5. O limite da distância é imposto para obter uma deteção rápida mas segura do arco voltaico. Além disso, uma única unidade do sistema pode suportar vários sensores [25].

TABELA 5 - Resultados do tempo de funcionamento (TOP) da unidade de arco elétrico a várias distâncias entre o arco e o sensor [25]

Distância (pés)	TOP em relação à corrente do arco (ms)	TOP em relação à deteção de luz (ms)
1	2.6	1.2
2	3.3	1.78
2	3.5	2.1

3.3 Deslocação instantânea

Muitos disjuntores permitem condições de sobrecorrente de curto prazo, com o objetivo de permitir um atraso antes de desligar, em contraste, um disjuntor instantâneo responde com um atraso mínimo. Um disjuntor instantâneo pode interromper a carga muito rapidamente, com tempos que variam de 13 a 130 ms [30].

Neste método, o operador deve alternar um relé entre um modo de operação normal e um modo de manutenção, reduzindo o nível de captação instantânea. Esta redução fará com que o disjuntor dispare na faixa instantânea com uma quantidade menor de corrente e, assim, reduza a energia do arco elétrico na zona de perigo, conhecida como limite do arco elétrico.

Os ajustes de disparo de duplo parâmetro têm a vantagem de serem completamente internos ao disjuntor. Deve-se ter cuidado no projeto para assegurar que os ajustes sejam tais que o nível esperado de corrente de arco elétrico, derivado de um estudo de arco elétrico, exceda os ajustes instantâneos reduzidos. Os danos no equipamento são limitados apenas pela magnitude do defeito. O custo deste método é pequeno quando comparado com os métodos anteriormente discutidos [28].

Deficiências:
Existe uma complexidade para assegurar que o modo de manutenção é ativado

e, em seguida, colocado novamente no modo operacional. Em alguns casos, pode ocorrer uma coordenação incorrecta ou um disparo durante o arranque de um motor se este começar a exceder o nível instantâneo.

De acordo com o IEEE 1584, a corrente de arco pode ser tão baixa quanto 38% da corrente de falta aparafusada disponível. Se a definição de disparo instantâneo do disjuntor for superior à corrente de arco, o disjuntor pode demorar segundos ou minutos a abrir, criando assim uma condição de arco elétrico potencialmente perigosa. Este seria o pior cenário possível para o ajuste instantâneo [29].

3.4 Funcionamento à distância

As pessoas têm a possibilidade de efetuar a manutenção à distância. Os sistemas deste tipo utilizam a robótica para gerir as ferramentas e o equipamento, ou comutadores controlados à distância. O objetivo é permitir que o eletricista realize o trabalho necessário a partir de uma distância segura [30].

O pessoal de manutenção pode montar o dispositivo, mostrado na Figura 7, no equipamento e afastar-se com uma caixa de controlo e um cabo de 50 pés para uma área segura para colocar ou retirar o disjuntor. Não depende da proteção por relé e proporciona um bom isolamento de um evento de arco elétrico quando o espaço o permite [31].

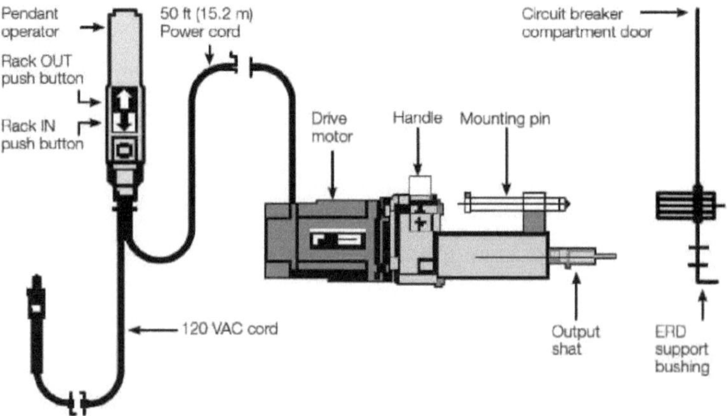

Figura 7 - Configuração típica de estantes remotas [31]

Ao acionar os disjuntores à distância, aumenta a segurança. No entanto, esta ideia é demasiado dispendiosa em quadros eléctricos de baixa tensão. Para que todos os disjuntores sejam accionados eletricamente, seria necessário acrescentar cerca de 1000 dólares por disjuntor ao quadro elétrico, para além da adição de uma estação de controlo. Além disso, a maioria dos quadros de distribuição não possui componentes de extração, pelo que esta possibilidade deve ser excluída [28]. Por conseguinte, é difícil justificar um orçamento para uma compra significativa que só será utilizada algumas vezes por ano [30].

3.5 UFES - Sistema de ligação à terra ultrarrápido

Na gama de baixa e média tensão, o princípio da interrupção por vácuo está bem estabelecido desde há 30 anos na produção em série. Assim, será discutido o princípio de conceção e o desempenho do interrutor de ligação à terra ultrarrápido (UFES) baseado num dispositivo de isolamento a vácuo [32].

O UFES tem um tempo de comutação extremamente curto: menos de 1,5 ms deste dispositivo de vácuo especial combinado com a deteção de correntes de falha e intensidade luminosa de uma nova unidade eletrónica dedicada, assegurará uma mitigação imediata do arco interno ligando todas as fases à terra. Isto minimiza a pressão, o stress térmico e mecânico e, consequentemente, os danos no equipamento.

A deteção de um arco interno ocorrerá dentro de 1 ms (sensor de corrente e/ou luz, eletrónica, elemento primário). O fecho da UFES e a extinção de um arco interno ocorrerão num tempo adicional de 4 ms através da comutação da corrente para a terra.

O UFES contém três elementos de comutação primários completos, como mostra a figura 8, e uma unidade eletrónica do tipo QRU (quick release unit), figura 9. Cada elemento de comutação primário é semelhante em dimensões (altura 210 mm, diâmetro 137 mm), forma e pontos de fixação a um isolador de 24 kV do tipo pino, e consiste numa câmara de vácuo de duas partes embebida em resina epóxi para a proteger do ambiente. Do ponto de vista dielétrico, a câmara constitui, na realidade, duas aberturas de vácuo separadas por uma membrana. Um dos espaços contém um pino de contacto no potencial de terra, enquanto o outro acomoda um contacto fixo no potencial de alta tensão. Cada elemento possui também um microgerador de gás ultrarrápido (SMGG) integrado, comparável em tipo e funcionalidade aos geradores de gás dos airbags dos automóveis. O SMGG acciona um pistão e é concebido como um atuador de pistão de disparo único. A unidade eletrónica, baseada numa tecnologia analógica durável e rápida, tem uma estrutura independente de fase e assegura a deteção de corrente e luz e um disparo fiável no mais curto espaço de tempo possível.

Quando ocorre um defeito de arco interno num sistema de comutação, a unidade eletrónica detecta a corrente de defeito (fornecida por um transformador de corrente) e a luz do arco no compartimento (medida por sensores ópticos). Quase ao mesmo tempo, o gerador de gás é ativado. Mais especificamente, a pressão do gás acciona o pistão móvel. Este pistão desliza para dentro da primeira parte da câmara de vácuo e, eventualmente, faz com que o pino de contacto penetre na membrana e encaixe no contacto fixo permanentemente e sem saltar para criar um curto-circuito metálico sólido para a terra. O defeito do arco pode então ser curto-circuitado e extinto em menos de 4ms após ter sido detectado pela primeira vez [33].

Figura 8 - Elemento de comutação primário UFES do tipo U1

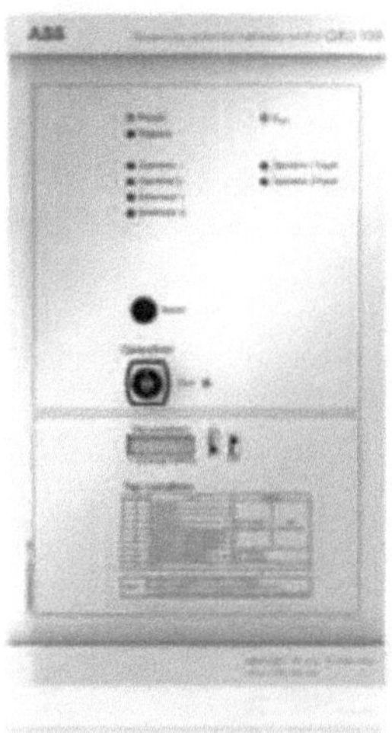

Figura 9 - Eletrónica UFES do tipo QRU100

Ao aplicar o UFES para proteger os painéis de comutação contra as consequências do arco interno, é possível obter uma melhoria significativa na proteção do pessoal e na minimização dos danos no equipamento [32].

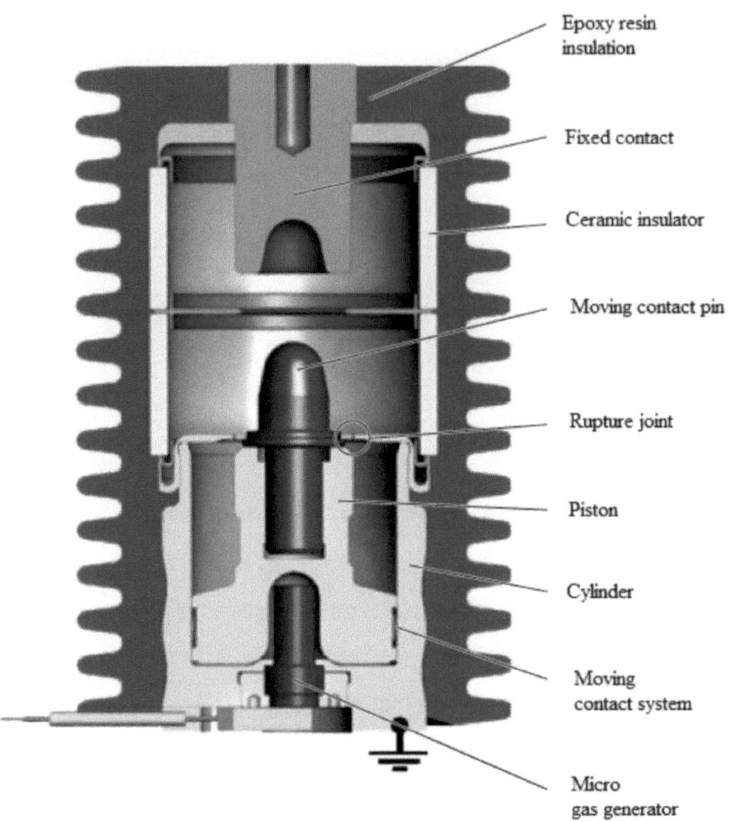

Figura 10 - Elemento de comutação primário para uma fase

No entanto, o sistema UFES foi desenvolvido principalmente para aplicações de média tensão até 40,5kV e para correntes de curto-circuito até 63kA. Não é normalmente utilizado em baixa tensão porque é pouco prático, muito caro e exige espaço físico adicional.

4. Proteção contra o arco elétrico dos fabricantes actuais

Os comutadores produzidos por fabricantes como a ABB, a Littelfuse, a Schneider e a Siemens têm algumas particularidades no seu sistema de deteção de arco, como se descreve a seguir.

4.1   ABB

O sistema de proteção contra o arco elétrico da ABB utiliza a série de relés REA, que se baseia na deteção da luz intensa de um arco elétrico isolado ou na deteção de luz e de sobreintensidades simultâneas de fase ou de neutro. Estão disponíveis dois tipos de sensores no sistema de proteção contra arco elétrico REA: um sensor de fibra longa sem blindagem e um sensor do tipo lente coletora de luz, tipicamente instalado um por compartimento do quadro elétrico [34].

- **Tempo de eliminação:** O tempo total de eliminação do defeito é igual ou inferior a 2,5 ms mais o tempo de funcionamento do disjuntor;

- **Saídas de disparo de alta velocidade:** O módulo REA 101 possui duas saídas de transistor bipolar de porta isolada (IGBT) de alta velocidade, isoladas galvanicamente (HSO1 e HSO2) para fins de disparo de CB. Além disso, o REA 101 oferece uma saída de relé para serviço pesado (TRIP3) a ser utilizada, por exemplo, como uma saída de proteção contra falhas do disjuntor (CBFP) para um disjuntor a montante, ou como uma saída de alarme;

- **Estado de sobreintensidade:** Função de monitorização do estado de sobreintensidade trifásica ou bifásica e neutra;

- **Proteção contra falhas do disjuntor:** A proteção contra falha do disjuntor é implementada atrasando a saída HSO2 ou a saída TRIP3, ou ambas, se necessário. Se ambas as saídas forem utilizadas, o tempo de atraso de ambas as saídas é o mesmo, mas o tempo de pickup do relé de saída eletromecânico (5...15 ms) deve ser adicionado ao relé TRIP3. O tempo de atraso selecionado, 100 ms ou 150 ms, começa a correr, assim que a saída HSO1 é activada. O disparo retardado não se produz se o sinal de sobrecorrente desaparece antes de transcorrido o tempo de retardo especificado;

- **Comunicação por ligação de fibra ótica**: Para enviar e receber mensagens do tipo ON/OFF entre os módulos principais através de uma fibra de transferência de sinal. A mensagem pode ser: LIGHT, OVERCURRENT ou TRIP;

- **Auto-supervisão;**
- **Unidades de extensão para seletividade.**

4.2 Littelfuse

Esta empresa utiliza ainda um relé de proteção de arco (PGR-8800), baseado na deteção de luz por sensores ópticos (pontuais e de fibra) e transformadores de corrente opcionais [24].

- **Tempo de reação:** O relé tem um atraso por defeito de 500 microssegundos, incluindo três amostras consecutivas acima do limiar de disparo e o tempo de ativação de 200 microssegundos da sua saída IGBT. O tempo de ligação do IGBT e o intervalo de amostragem de 125 microssegundos correspondem a um tempo mínimo de disparo (sem filtragem do tempo de atraso) inferior a 0.5ms. O tempo total de amostragem é proporcional ao número de sensores utilizados (até um máximo de seis, neste caso). Por conseguinte, a especificação do tempo de reação deste relé de arco-flash está listada como <1ms. Para obter o tempo de resposta mais rápido, o atraso programável deve ser definido para o valor mínimo consistente com a prevenção de disparos incómodos [24];

- **Disparo Redundante:** O PGR-8800 possui um circuito secundário de estado sólido que fornece redundância no caso de falha do microprocessador. Menos frequentemente considerado, um relé baseado em microprocessador pode levar várias centenas de milissegundos para inicializar e atingir o estado em que é capaz de detetar um arco elétrico. Se o sistema for desenergizado para manutenção (incluindo o PGR-8800) e depois reenergizado quando a manutenção estiver concluída, isto constitui um risco. Neste caso, o caminho de disparo redundante protegerá o sistema contra flashes de arco durante a inicialização do microprocessador também, assim o sistema permite um tempo de resposta muito mais rápido na energização do que os relés típicos baseados em microprocessador. O tempo de resposta após a energização seria de 4 ms para alimentação DC e 40 ms para alimentação AC. Isto é muito mais rápido do que esperar pela inicialização do microprocessador. A melhor solução para manter o tempo de resposta rápido é manter o PGR-8800 alimentado através de uma bateria de reserva [35];

- **Proteção contra sobreintensidades:** As entradas do transformador de corrente de fase são fornecidas para proteção contra arco elétrico supervisionada por corrente e podem também ser utilizadas para proteção contra sobreintensidades em tempo definido [35]. O microprocessador procura a maior corrente numérica das três correntes de fase em qualquer amostra e compara-a com os limites programados pelo utilizador. Além disso, os atrasos devem estar disponíveis na configuração para disparos de sobrecorrente para descrever quanto tempo o valor máximo deve permanecer acima do limite para que a unidade dispare a saída. Para garantir que não haja impacto negativo na proteção proporcionada pelo relé de arco elétrico, o tempo total de reação do disparo deve ser minimamente afetado pela utilização da verificação de corrente do TC. No caso do PGR-8800, por exemplo, o tempo total de disparo é ainda inferior a 1 milissegundo, sujeito à configuração de atraso de tempo selecionável pelo usuário [24];

- **Auto-supervisão;**
- **Unidades de extensão para seletividade.**

4.3 Schneider

Esta empresa apresenta uma redução do arco elétrico utilizando o sistema de relés VAMP 221 [36].

- **Operação adicional em corrente simultânea:** medição de corrente trifásica ou medição de corrente bifásica e de defeito à terra;
- **Proteção contra falhas do disjuntor (CBFP);**
- **Tempo de funcionamento:** 7 ms (incluindo o relé de saída);
- **Auto-supervisão contínua do sistema;**
- **Unidades de extensão para seletividade;**
- **Estantes remotas.**

4.4 Siemens

O quadro de distribuição de baixa tensão da Siemens utiliza o sistema Dynamic Arc Flash Sentry, caracterizado pela utilização de uma configuração de função dupla do ETU773, relé eletrónico, no disjuntor de potência da Siemens. A unidade de disparo tem dois parâmetros (A e B), que permitem ao operador alternar entre um modo de funcionamento normal e um modo de manutenção. O modo de manutenção (Parâmetro B) tem um ajuste de disparo instantâneo reduzido no disjuntor principal. Ao reduzir a região instantânea, o tempo de disparo do sistema é acelerado [37].

5. Barramento isolado

Minimizar os danos causados às pessoas e ao equipamento é designado por proteção passiva contra o arco. No entanto, também é importante eliminar a probabilidade potencial de ocorrência de um arco. É este o caso da proteção ativa, ou seja, evita-se a falha do arco. Assim, o isolamento do barramento é considerado uma proteção ativa. Se ocorrer uma falha, esta terá lugar onde o isolamento está danificado ou em falta. Ainda assim, será minimizada porque a ocorrência em sistemas isolados é extremamente limitada [38].

O material de isolamento tem de ser especial e mais resistente, uma vez que o barramento principal do painel de distribuição transporta correntes elevadas e o valor de uma falha de corrente pode rondar os 20 kA ou mais. Assim, o isolamento de cada barramento de fase individual pode ser feito com uma manga isolante de plástico com uma capacidade de resistência dieléctrica de 2,2 kV e classificada para resistência à chama ou incluindo revestimento epóxi, tubos termorretrácteis e fita isolante. Além disso, há pouco ou nenhum espaço de ar entre o condutor e o material de isolamento [39].

5.1 Comparação entre barramento nu e barramento isolado

De acordo com [39], foram efectuadas várias simulações de acordo com o guia de ensaios de resistência ao arco (IEEE C37.20.7) com barramento nu e isolado. O quadro de distribuição não continha sistema de deteção de arco.

A primeira falha de arco simulada foi criada no topo do barramento vertical do conjunto de comutadores, construído com um espaçamento de 7" fase a fase. A Tabela 6 contém os resultados dos testes.

QUADRO 6 - Falha de arco simulada no topo do painel de distribuição de barramento isolado

	Simulação	
Parâmetros de entrada	1(A)	1(B)
Tensão de circuito aberto (Vac)	508	508
Corrente simétrica disponível (kA)	85	100
Tempo (msec)	500	500
Construção de barramentos	isolado	isolado
Parâmetros de desempenho		
Duração do arco (mseg)	16.8	18,7 (aumento de 11%)
Energia total (Ws) (em milhões)	0.301	0,373 (aumento de 24%)

Como foi possível observar, a análise das simulações 1(A) e 1(B) indica que existe apenas um ligeiro aumento na duração do arco e na energia total quando a corrente simétrica disponível é aumentada de 85 kA para 100 kA, mantendo os restantes parâmetros de entrada constantes.

QUADRO 7 - Falha de arco simulada na parte superior do quadro de distribuição

	Simulação	
Parâmetros de entrada	1(C)	1(D)
Tensão de circuito aberto (Vac)	635	635
Corrente simétrica disponível (kA)	85	100

Tempo (msec)	500	500
Construção de barramentos	isolado	autocarro nu
Parâmetros de desempenho		
Duração do arco (mseg)	14.1	518
Energia total (Ws) (em milhões)	0.165	20.33

A partir da Tabela 7, a Simulação 1(D) sustentou o arco 33 vezes mais do que o esperado. O nível de energia foi 123 vezes superior no barramento nu.

O segundo defeito de arco simulado foi criado ao longo das três fases nas ligações dos cabos do lado da linha (fonte) (compartimento dos cabos). A Tabela 8 mostra os resultados.

TABELA 8 - Falha de arco simulada no compartimento dos cabos

	Simulação			
Parâmetros de entrada	2(A)	2(B)	2(C)	2(D)
Tensão de circuito aberto (Vac)	508	508	635	635
Corrente simétrica disponível (kA)	100	100	85	85
Tempo (msec)	500	500	500	500
Construção de barramentos	isolar d	autocarro nu	isolado	autocarro nu
Parâmetros de desempenho				
Duração do arco (mseg)	23.4	131	15.2	517

Energia total (Ws) (em milhões)	0.314	2.697	0.340	16.27

Comparando 2(A) e 2(B), a duração do arco na condição de barramento nu aumentou 5,6 vezes em relação ao barramento isolado. Foi observado um aumento de 8,6 vezes na energia total gerada. Foram observados resultados semelhantes nas Simulações 2(C) e 2(D) efectuadas a 635 V. A energia total gerada na construção do barramento nu foi 48 vezes superior à energia gerada no barramento isolado. A duração do arco foi 24 vezes superior. Os danos no equipamento foram consideráveis.

As Figuras 11 e 12 abaixo mostram as formas de onda eléctrica das Simulações 2(C) e 2(D), respetivamente, onde o ponto "a" é o início do arco e "b" a extinção do arco.

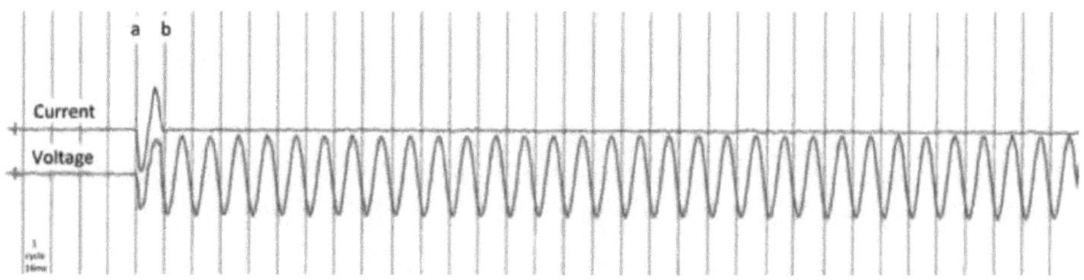

Figura 11 - Barramento isolado 2(C)

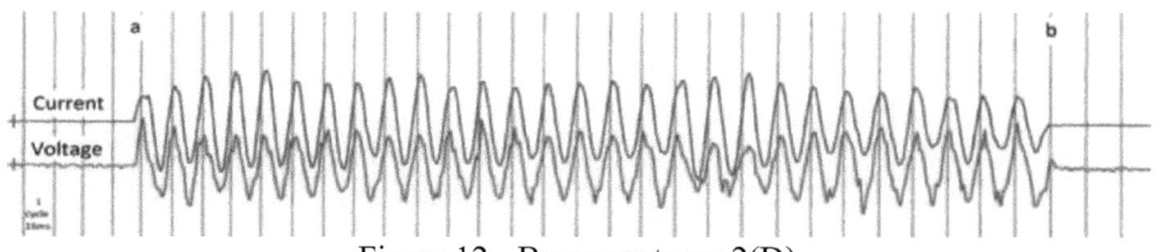

Figura 12 - Barramento nu 2(D)

É possível notar que o arco foi mantido durante muito mais tempo na construção do barramento nu do que na construção do barramento isolado, pelo que os danos causados em 2(D) foram mais graves do que em 2(C).

No entanto, o isolamento dos barramentos, segundo a norma IEC 61439, é opcional. "O utilizador pode ter requisitos opcionais adicionais que não estão identificados na norma, mas que são necessários para satisfazer as preferências do utilizador e/ou os requisitos da aplicação. Estes também estão sujeitos a acordo entre o fabricante do CONJUNTO e o utilizador." [6]

6. Comparação: Barramento Isolado x Sistemas de Proteção contra Arco

Quando se trata de alcançar um nível mais elevado de segurança do pessoal e do equipamento num quadro elétrico, é necessário analisar os diferentes cenários e as suas características:

- Local onde o equipamento será instalado;

- Qual a competência dos operadores de aparelhagem;

- O tipo de ferramentas de manutenção utilizadas;

- Se durante uma manutenção o equipamento está energizado ou não;

- As funcionalidades fornecidas pela central telefónica.

Neste contexto, será discutida uma comparação entre duas configurações diferentes de sistemas de proteção contra o arco elétrico. Em primeiro lugar, serão apresentados os modelos disponíveis no mercado, que podem proporcionar segurança suficiente sem isolamento dos barramentos principais no quadro elétrico de baixa tensão. Em seguida, serão apresentadas as razões que explicam a necessidade de os utilizar.

6.1   Razões para não utilizar barramentos isolados

6.1.1 Domínios específicos

Sobre o local onde o quadro será instalado, uma questão importante a ser levada em consideração é a probabilidade de pequenos animais entrarem no quadro, como cobras, insetos e pequenos roedores, como dito no Relatório 3 (Anexo 3). A situação é: se o quadro estiver energizado, os barramentos não estiverem isolados e um animal entrar no compartimento dos barramentos, pode criar um curto-circuito entre duas fases, gerando um arco elétrico.

6.1.2 Trabalhadores formados

Outra razão que garante um bom nível de segurança é o facto de todos os técnicos e engenheiros utilizarem EPI (Equipamento de Proteção Individual) adequado para trabalharem no quadro elétrico de baixa tensão. Além disso, todos os trabalhadores devem ter acesso e estar familiarizados com todas as disposições relevantes dos regulamentos e das directrizes que os acompanham. Têm de receber a formação, a prática e a instrução necessárias, por outras palavras, têm de ser pessoas qualificadas.

6.1.3 Tipo de ferramentas

No que diz respeito ao tipo de ferramentas utilizadas para trabalhar no quadro elétrico: se alguém tiver inevitavelmente de trabalhar num quadro elétrico sob tensão, mesmo a pessoa mais habilidosa, num momento de distração, pode deixar cair ou esquecer-se de ferramentas metálicas no mesmo. Isto pode provocar uma ocasião de arco elétrico. Assim, uma opção seria utilizar ferramentas não metálicas quando se trabalha num quadro elétrico sob tensão.

6.1.4 Trabalho desenergizado

Trabalhar num quadro elétrico desenergizado sempre que possível é muito mais recomendado. A OSHA (Occupational Health and Safety Administration - Administração de Segurança e Saúde Ocupacional) afirma que "As partes sob tensão às quais um funcionário pode ser exposto devem ser desenergizadas antes de o funcionário trabalhar nelas ou perto delas, a menos que o empregador possa demonstrar que a desenergização introduz riscos adicionais ou acrescidos ou é inviável."

Exemplos de "riscos adicionais ou acrescidos" incluem a interrupção de sistemas de suporte de vida, sistemas de alarme de emergência ou ventilação de locais perigosos. Exemplos de "condições inviáveis" incluem testes de arranque, resolução de problemas, diagnósticos e um segmento de processo contínuo [40].

A ABB Skien recomenda que o método mais simples para evitar ocorrências de arco elétrico é nunca trabalhar em quadros elétricos energizados. Trabalhar em equipamento sob tensão é confiar que o disjuntor funcionará corretamente. Os produtores de disjuntores sugerem que os disjuntores devem ser sujeitos a manutenção anual para manter a fiabilidade e o tempo de reação rápido [30].

6.1.5 Fiabilidade do sistema de deteção de luz

Como já foi referido, o sistema de deteção de arco baseado na deteção de luz e na supervisão instantânea de sobreintensidades permite uma redução significativa da energia incidente, o que representa uma melhoria da segurança. Esta aplicação tira o máximo partido do tempo de funcionamento rápido do relé, 2,5 ms no relé de proteção REA (da ABB) e ainda mais rápido - 1 ms no PGR 8800 (da Littelfuse). O disjuntor demora normalmente mais 35-50 ms a abrir, dependendo do tipo de disjuntor e da sua manutenção.

Reduz os danos no equipamento, uma vez que após 200 ms da ocorrência do arco o cobre começa a arder e após 300 ms a chapa de aço (Anexo 1). Normalmente, estes danos menores restringem-se ao ponto de falha, onde ocorreu o arco, e evitam a destruição mais generalizada e grave que ocorre num arco voltaico completo.

Por exemplo, a Marinha dos EUA (ou força marítima) começou a utilizar instalações que utilizam a deteção de falhas por arco em 1991. De 1993 a 2010, este sistema salvou 14 submarinos de falhas por arco elétrico, o que caracteriza 20% da frota de submarinos. No entanto, o número de avarias registadas durante este período foi pouco divulgado. Alguns relatos em primeira mão mostram que as acções do sistema de deteção de falhas por arco reagiram tão rapidamente que os danos diminuíram ao ponto de a falha por arco não ser comunicada. A redução do número de ocorrências de arco elétrico comunicadas de 2,5 para 0,6 por ano é estatisticamente importante [41].

6.1.6 Métodos de proteção disponíveis

O MNS *iS* da ABB, para além do sistema de deteção de luz referido anteriormente, que é uma proteção passiva, oferece boas protecções activas, garantindo um elevado nível de segurança e a possibilidade de não utilizar o isolamento. Estas são explicadas de seguida:

- Separação dos compartimentos;

- Zona livre de falhas;

- Módulos extraíveis;

- Outros procedimentos de segurança.

Separação dos compartimentos

O conjunto está dividido em compartimentos, separando assim diferentes áreas funcionais.

- **Compartimento do equipamento**: Todo o equipamento, incluindo os módulos de arranque do motor em versão extraível, está situado neste compartimento. O compartimento pode ser dividido em subcompartimentos horizontais e verticais.

- **Compartimento de cabos:** Contém cabos e terminais de controlo, bem como cabos de alimentação e unidades de ligação.

- **Compartimento do barramento:** Contém o sistema de barramento principal do MNS. Os barramentos de distribuição estão embutidos na parede multifunções (MFW) que se situa entre o compartimento dos equipamentos e o compartimento dos barramentos [42].

Zona livre de falhas

A zona livre de defeitos é comprovada pela parede multifuncional e por um cabo de parede dupla. Garante uma maior segurança entre as fases dos barramentos de distribuição ou entre os barramentos principais e o compartimento dos equipamentos, ou seja, é impossível que ocorra um curto-circuito. (Anexo 2)

A parede multifunções (MFW) com os barramentos de distribuição incorporados é uma conceção única da MNS. Constitui uma barreira completa entre os barramentos principais e o compartimento do equipamento. As barras de distribuição são totalmente separadas por fases e isoladas. O material de isolamento é isento de CFC e de halogéneos, é também retardador de chama e auto-extinguível. As aberturas de contacto são à prova de dedos, pelo que a segurança pessoal é garantida mesmo quando os módulos são removidos. Com a utilização de caixas de contacto de potência específicas MNS, é assegurada a segregação monofásica total antes da ligação dos contactos de potência às barras de distribuição [42].

Módulos extraíveis

Os módulos MNS são accionados com o manípulo de comando multifunções. Este manípulo também ativa o encravamento elétrico e mecânico do módulo e da porta do módulo. Não são necessárias outras ferramentas ou dispositivos de desbloqueio para retirar um módulo, podendo a substituição e a readaptação dos módulos ser efectuadas em condições de tensão [42]. No entanto, o motor de arranque pode ser desligado quando o módulo tiver de ser retirado (anexo 2).

6.1.7 Outros procedimentos de segurança

Alguns procedimentos de segurança presentes no MNS, descritos no Relatório 3, são a "janela" da porta externa do quadro de distribuição, que é utilizada para termografia; e o sistema MView utilizado para manutenção remota dos disjuntores (Anexo 2).

Por outro lado, há que destacar as diferentes características fornecidas de série por outras empresas citadas anteriormente, como alternativa para não utilizar barramentos isolados. São elas: disjuntores instantâneos reguláveis, telecomando e bastidor.

6.2 Razões para utilizar barramentos isolados

Ao procurar estatísticas e registos de falhas de quadros eléctricos associadas ao arco elétrico, parece não existir uma base de dados sólida que contenha uma análise pormenorizada das causas dessas falhas. Devido à responsabilidade legal e ao segredo industrial, muitos dos pormenores dos eventos comerciais são mantidos confidenciais

[41]. No entanto, foi possível encontrar estatísticas (Anexo 4) da DSB, a Direção Norueguesa para a Proteção Civil, que é responsável pelo planeamento de emergências, incêndios e segurança eléctrica, entre outros.

Relativamente às estatísticas, pode afirmar-se que as principais causas de incidentes com arco elétrico na Noruega (entre 2010 e 2011) foram a negligência e o desrespeito dos regulamentos. Uma vez que os erros humanos foram as principais causas da ocorrência de arco, uma boa opção seria investir em proteção ativa, como o barramento isolado.

Os quadros de distribuição, mencionados anteriormente, utilizam normalmente sensores de luz para detetar a presença de um arco elétrico. Se um evento de arco for iniciado, mas não estiver localizado dentro da zona de proteção do sistema de deteção de luz, como por exemplo, um arco no lado da linha de um disjuntor principal e no lado da linha dos transformadores de corrente, mesmo que a luz emitida por uma falha de arco seja detectada, o sistema de deteção não enviará um sinal de disparo para todas as fontes de energia. Isto deve-se à conceção do sistema de deteção de luz, que requer não só que a luz seja detectada, mas também que haja confirmação por corrente simultânea no circuito protegido.

Se o defeito estiver no lado da linha dos transformadores de corrente, o sistema de deteção não verá corrente e o disparo não será iniciado. Mesmo que o sistema não tenha a caraterística de segurança de exigir um sinal de confirmação de corrente, se o defeito estiver do lado da linha do disjuntor principal, o disparo do disjuntor principal não removeria o defeito [43].

A eficiência deste tipo de deteção, baseada em sensor de luz, é boa. Mas como é necessário que dois dispositivos sejam activados, o tempo total para o envio do sinal de disparo tende a ser relativamente grande. Em geral, a topologia citada necessita de 2 ms para enviar o sinal de disparo. Esse intervalo de tempo é acrescido do tempo de operação da unidade de desconexão e, embora pareça pequeno, é grande o suficiente para danificar equipamentos, ou para que uma pessoa exposta ao arco sofra queimaduras incuráveis ou morra [44].

6.3 Gráfico de comparação rápida

QUADRO 9 - Diferenças entre os mecanismos abordados

	Deteção de arco	Barramento isolado + Deteção de arco
Solução de arco elétrico	Detecta e sinaliza rapidamente o disparo do disjuntor.	Evite um arco + detecte e sinalize rapidamente o disjuntor para disparar.
Menor energia incidente	✓	✓ ✓
Proteção do pessoal	EPI inferior.	EPI mais baixo.
Duração do arco	Aprox. 60 ms (incluindo o tempo de funcionamento do disjuntor).	Aprox. 20 ms (o tempo total até à abertura do disjuntor é de 60 ms).
Danos no equipamento	Os danos dependem do nível de arco elétrico.	Menos danos.
Custos relativos	$$	$$$$$
Segurança em relação a animais/ferramentas caídas	Não.	Sim.

7. Conclusão

Durante o desenvolvimento desta investigação, foram analisados vários aspectos relevantes sobre a natureza e os riscos que envolvem o arco elétrico, sendo estes extremamente prejudiciais para as pessoas expostas a este fenómeno. Devido à sua gravidade, os perigos que envolvem o arco voltaico são a motivação para as normas anteriormente mencionadas.

Ao analisar as normas europeias e norte-americanas, os objectivos eram ver o que dizem sobre a utilização de isolamento nos barramentos principais e também verificar se o sistema de proteção dos comutadores ABB cumpre todos os requisitos das normas. A norma europeia diz que o isolamento dos barramentos principais é opcional e depende das preferências do cliente. Entretanto, a norma norte-americana não menciona o isolamento dos barramentos principais. Assim, este requisito não é obrigatório. Ainda não.

No que diz respeito ao sistema de proteção MNS, pode dizer-se que vai mais longe em termos de segurança exigida pela norma. Proporcionam um relé de confiança contra o arco elétrico, garantindo a redução do nível de energia do arco, minimizando o seu tempo de duração para cerca de 60ms. Existem outros mecanismos para além da norma MNS, fornecidos por outros fabricantes, como a operação remota e o disparo instantâneo de disjuntores, que combinados com o sistema de deteção de arco, aumentam a fiabilidade do equipamento.

Por outro lado, com base nas simulações apresentadas anteriormente, é evidente que o barramento isolado diminui significativamente a duração do arco sustentado quando comparado com o barramento nu. É importante salientar que os resultados destes ensaios mostram que a duração do arco é inferior a 20 ms, sendo mesmo inferior ao tempo de funcionamento do sistema de deteção de arcos. O barramento isolado também reduz a possibilidade de criação de falhas por arco, especificamente se os vermes entrarem no quadro, é menos provável que entrem em contacto com várias fases e/ou com a terra, e se um objeto ferroso estiver apoiado ou cair sobre as partes sob tensão. Este último caso representa erros humanos, que são as principais causas de ocorrência de arcos eléctricos, como ilustram as estatísticas do Anexo 4.

O sistema de proteção contra arco, baseado na deteção de luz, está sujeito a poucas, mas possíveis falhas, tais como pontos cegos. Mesmo quando a luz é detectada, o elemento de sobreintensidade pode não enviar o sinal ao disjuntor se a falha ocorrer no lado da linha dos transformadores de corrente, como descrito anteriormente. É pouco habitual, mas pode acontecer. Além disso, dependendo da impedância do arco de defeito, o arco pode persistir durante mais tempo no aparelho de distribuição e pode exceder a capacidade do aparelho. Isto é realmente perigoso para as pessoas, uma vez que, se um arco-flash durar o tempo normal de extinção do sistema de proteção, é suficiente para levar alguém à morte.

Todas as razões apresentadas nos parágrafos anteriores levam-nos a concluir que, para além da norma MNS, utilizando a deteção de arco com o sistema REA, a forma de alcançar o nível de segurança mais elevado é combiná-la com o isolamento dos barramentos principais. Embora o isolamento aumente significativamente os custos do equipamento, garante a duração mais curta do arco (20 ms) e a desconexão do sistema.

7.1 Trabalhos futuros

Existem novos desenvolvimentos no mercado relativamente à proteção contra o arco elétrico, especialmente no método de deteção. Nestes novos projetos, os dispositivos de medição de corrente e/ou som não são necessários, o arco é detectado apenas pela radiação ultravioleta. Existem estudos no Brasil e nos Estados Unidos que comprovam e patenteiam tais métodos.

O método de deteção ultravioleta detecta o evento de arco numa fase pré - arco, quando ocorre a ionização do ar circundante e não há presença de luz visível. Toda a monitorização é baseada no nível de radiação ultravioleta no ambiente. Por conseguinte, como a libertação de radiação ultravioleta ocorre antes do fluxo de corrente, é possível detetar o arco antes de os seus efeitos nocivos serem identificados [44].

Os trabalhos futuros podem ser feitos através do desenvolvimento de estudos mais detalhados sobre este tipo de tecnologia, considerando que esta pode melhorar os actuais sistemas de proteção contra o arco.

Referências

[1] H. B. Land, III, C. L. Eddins, L. R. Gauthier, Jr., e J. M. Klimek, "Design of a sensor to predict arcing faults in nuclear switchgear," *IEEE Trans. Nucl. Sci.*, vol. 50, no. 4, pp. 1161-1165, Aug. 2003.

[2] C. Sumereder andM.Muhr, "Estimation of residual lifetime-Theory and practical problems," in Conf. *Rec. 8th Hofler's Days*, Portoroz, Eslovénia, 6-8 de novembro de 2005, pp. 1-6.

[3] M. Aro, J. Elovaara, M. Karttunen, K. Nousiainen, and V. Palva, *Suurjannitetekniikka*, 2nd ed. Espoo, Finland: Otatieto, 2003.

[4] Lauri Kumpulainen, G. Amjad Hussain, Matti Lehtonen e John A. Kay, "Preemptive Arc Fault Detection Techniques in Switchgear and Controlgear", IEEE transactions on industry applications, vol. 49, no. 4, julho/agosto de 2013.

[5] Louro, M.F. "O sistema de protegoes na perspetiva de seguranga de pessoas em redes de MT". Dissertagao (Mestrado Integrado em Engenharia Eletrotecnica e Computadores). Universidade Tecnica de Lisboa, 2008.

[6] Relatório Técnico IEC/TR 61439-0: Orientação para a especificação de conjuntos
[7] Acedido em abril, 8th de 2015.
URL: < http://www.nema.org/International/Pages/The-IEC-and-NEMA.aspx>
[8] Acedido em abril, 8th de 2015.
URL: <http ://en.wikipedia.org/wiki/NEMA_enclosure_types>
[9] Acedido em abril, 8th de 2015.
URL: <http://en.wikipedia.org/wiki/IEC_61439_standard>
[10] "The new standard for low-voltage ABB", 2010.
[11] Dang, Tri; Sainato, Nick; "NEMA and IEC Standards - A Practical Approach."
[12] Sep^veda, Calor A.; Salloum, Gustavo S.; "Comparison of ANSI/IEEE and IEC Re3uirements. "2007.
[13] Bodenhamer, Greg. Fowler, Tom;, "Differentiating between NEMA- and IEC-style products.", Electrical Construction and Maintenance. março, 1996. URL: http://ecmweb.com/content/differentiating-between-nema-and-iec-style-products

[14] Purdy, Brent; "Proper motor protection with IEC versus NEMA", setembro de 2014.

URL: <https://www. isa.org/intech/201410basics/>

[15] Gretler, A.; "Sistemas de Baixa Tensão - ANSI vs IEC." - 27 de junho de 2013. Acedido em 06 de maio de 2015. Disponível em: <http://new.abb.com/docs/librariesprovider78/chile- documentos/jornadas-tecnicas-2013---presentaciones/4-andr%C3%A9-gretler---ansi- vs-iec-apw-chile.pdf?sfvrsn=2>

[16] Wilson, R. A.; Harju, R.; Keisala, J.; Ganesan, S; "Tripping with the Speed of Light:

Proteção contra o arco elétrico"

[17] Guia do IEEE para o cálculo do risco de arco elétrico, IEEE Standard™ 1584-2002

[18] Dr. David Sweeting, "Testing PPE for arc hazard protection IEC 61482-1 test rig evaluation including proposed changes," in Record of Conference Papers Industry Applications Society 57th Annual Petroleum and Chemical Industry Conference (PCIC), 2010, 10.1109/PCIC.2010.5666851, 2010, pp. 1 - 11.

[19] Bouman, B; Alferink, E; Lusing, M e Verstraten J, "A view on internal arc testing of low voltage switchgear".

[20] Hawkins, T; Rajvanshi, R; "Not all Low Voltage Switchgear is created equal" (Nem todos os comutadores de baixa tensão são criados iguais), um livro branco emitido pela Siemens, ©2014 Siemens Industry, Inc. Todos os direitos reservados, outubro de 2014.

[21] Acedido em abril, 7th de 2015.

http://www.abb.com/cawp/seitp202/040e04232cf183f9c12578f7004c42d4.aspx

[22] Christopher Inshaw e Robert A. Wilson, "Arc flash hazard analysis and mitigation", apresentado em: Western Protective Relay Conference Spokane, WA ,outubro de 2004.

[23] Samuel Dahl, Juha Arvola e Tero Virtala, "New standardized approach to arc flash protection"

[24] Tony Locker, PE e Jakob Seedorff, Diretor Técnico da Littelfuse, Inc., "Arcflash protection: Key Considerations for Selecting an Arc-Flash Relay", outubro de 2011. Disponível em: http://www.littelfuse.com

[25] Vico, J.; Parikh, P.; Allcock, D.; Ray Luna, R.; "A novel approach for arc-flash detection and mitigation: at the speed of light and sound", Copyright Material IEEE

[26] GE Digital Energy, Multilin™ A60, Advanced Light & Pressure Arc Flash Detection System; Acedido em: http://GEDigitalEnergy.com

[27] Jim Buff e Karl Zimmerman, "Application of Existing Technologies to Reduce Arc-Flash Hazards," in 60th Annual Conference for Protective Relay Engineers, 2007. 10.1109/CPRE.2007.359902 , 2007, pp. 218 - 225.

[28] Brad Zilch e Jeff Rohde, "Designing in safety by reducing the Arc Flash hazard in Low Voltage switchboards"; um livro branco publicado pela Siemens. ©2010 Siemens Industry, Inc. Todos os direitos reservados, agosto de 2010.

[29] Littelfuse, "PGR-8800 & AF0500 Arc-flash relay technical FAQ", © 2015 Littelfuse, Inc.; Disponível em: http://Littelfuse.com/ArcFlash.

[30] "Geoffrey J. Baker, "Arc flash detection through voltage/current signatures", uma tese apresentada ao Colégio de Estudos de Pós-Graduação e Investigação, setembro de 2012. [31] Schneider Electric USA, Inc., "Smarter Arc Flash Mitigation Solutions", Documento Número 0700BR1201, setembro de 2013.

[32] Gentsch, D., Fugel, T.; Salge, G. "New Ultra Fast Earthing Switching (UFES) device based on the vacuum switching principle." XXIVth Int. Symp. on Discharges and Electrical Insulation in Vacuum - Braunschweig - 2010.

[33] Gentsch, D.; Grafe, V.; Ott, H-W.; Hakelberg, W.; Brandt, A. "S^3 - Velocidade, segurança e poupança - o novo interruptor de ligação à terra ultrarrápido da ABB.". ABB Review 201.

[34] Guia de Produto ABB, REA10_ Sistema de proteção contra falhas de arco, 1MRS756449 A, Revisão A, janeiro de 2012.

[35] Guia de Aplicação da Littelfuse, relé de arco elétrico PGR-8800, © 2014 Littelfuse Products, Form: PF711, Rev: 2-F-040214, Disponível: http://www.littelfuse.com/Arcflash.

[36] Schneider Electric, VAMP 221 Selective Arc Flash Protection for Low and Medium Voltage Power Systems, junho de 2013.

[37] Brad Zilch e Jeff Rohde, "Siemens Dynamic Arc Flash Reduction System and its application in low voltage switchboards", 2010, Disponível: http://www.usa.siemens.com/consultant.

[38] Nelson, Jonh P.; Billman, Joshua D.; Bowen, James E.; "The Effects of System Grounding, Bus Insulation, and Probability on Arc Flash Hazard Reduction-The Missing Links", IEEE Transactions on Industrial Applications, Vol. 50, No. 5, setembro/outubro de 2014.

[39] Hawkins, Tom; Rajnanshi, Rahul. White Paper "Nem todos os comutadores de baixa tensão são criados iguais - A solução obrigatória para sistemas de distribuição de energia". outubro de 2014.

[40] "Siemens Energy and Automation, "Arc Flash Hazards - Protect your employees from fire and injury", 2010

[41] Land, H. B.; Gammon, T. "Addressing Arc Flash Problems in Low Voltage Switchboards: A Case Study in Arc Fault Protection". 2013.

[42] ABB, "MNS Low Voltage Switchgear System Guide", Copyright 2012 © ABB Automation Products GmbH Ladenburg, Alemanha.

[43] TechTopics n.º 81 - "Arc-flash incident energy mitigation" Disponível em: <www.usa.siemens.com/techtopics>

[44] "Comparação de topologias de deteção de arco elétrico". *O setor elétrico*, ed. 110 - 2015.

[45] Mark Zeller e Gary Scheer, "Add Trip Security to Arc-Flash Detection for Safety and Reliability", © 2008, 2009, 2012 by Schweitzer Engineering Laboratories, Inc. Todos os direitos reservados. Todos os direitos reservados.

Apêndice

Anexo 1

Relatório 1: Visita ABB 1 e 2

Introdução

Este relatório refere-se às duas visitas à fábrica da ABB em Skien, que tiveram lugar em 28.01.2015 e 04.02.2015, respetivamente, guiadas por Emil Sather e Arne Onarheim, ambos engenheiros da ABB, que estão a ajudar neste projeto como nossos mentores. Os principais objectivos das visitas foram:
- Conhecer os diferentes tipos de aparelhos de distribuição, incluindo os tipos de componentes essenciais e a forma de os montar no interior dos aparelhos de distribuição;
- Obter conhecimentos sobre o MNS Safety Plus e as normas IEC;
- Adquirir informações sobre os diferentes processos de produção e montagem de barramentos e compreender as razões de segurança para a conceção dos comutadores;
- Analisar diferentes equipamentos de comutação sob proteção, testar e analisar alguns dos projectos da Statoil na fábrica.

Actividades

Durante a primeira visita à ABB, fomos recebidos pelo Emil e juntámo-nos para iniciar a reunião. Foram apresentadas algumas informações sobre a fábrica da ABB e alguns pormenores sobre os seus comutadores, como se segue.

Os arcos voltaicos ocorrem especialmente quando há pessoas a trabalhar no quadro elétrico, pelo que temos de as proteger. A segurança humana é a principal prioridade neste projeto. Há dois tipos de segurança em que podemos trabalhar: ativa e passiva. A segurança ativa consiste em evitar incidentes, ou seja, evitar a ocorrência de arco elétrico. É importante evitar o arco elétrico, mas por vezes é quase impossível fazê-lo. Por conseguinte, a segurança passiva consiste em minimizar as consequências do arco elétrico, causando menos danos às pessoas e ao equipamento. É nisso que vamos trabalhar.

É importante atenuar o arco logo que este apareça para evitar danos nas pessoas e no equipamento. Quando a duração do arco é de 300 ms, a chapa de aço queima-se. Com 200 ms o cobre arde. Com 100 ms os cabos incendeiam-se. O sobreaquecimento é o pior inimigo dos comutadores, pelo que o sistema de proteção deve funcionar antes de decorridos 100 ms após a ocorrência do arco elétrico.

Depois disso, fomos à fábrica para ver pela primeira vez o projeto dos comutadores, que estavam a ser montados para a Statoil.

Na segunda visita foram-nos apresentadas algumas informações sobre a estrutura de um quadro elétrico normal e do produto MNS, que diferem entre si. No comum, o cubículo é separado em duas partes: uma com o barramento principal e outra, equipamentos e cabos. Já a estrutura do MNS é separada em três: o barramento principal na parte de trás, os equipamentos em outro compartimento e os cabos em outro. Isso foi um grande avanço em termos de segurança.

O barramento principal é horizontal e o barramento de distribuição é vertical no painel de distribuição. Estes barramentos, que estavam a ser montados para a Statoil, têm duas camadas de isolamento (proteção ativa) para garantir maior segurança. Todo o equipamento da ABB Skien segue a norma IEC 61439-1.

Depois de recebermos estas informações, podíamos deslocar-nos à fábrica para vermos por nós próprios o aparelho de comutação (MNS). Aí pudemos verificar a estrutura e o isolamento dos barramentos. Havia técnicos a trabalhar na fábrica, que nos ajudaram com algumas questões que tínhamos sobre o seu produto.

Regressámos à sala e foram dadas mais informações. Apresentaram um novo sistema chamado Ultra-fast Earthing Switch (UFES) que funciona em menos de 4 ms. Com este sistema, quando o arco acontece, em vez de enviar um sinal para o disjuntor, o UFES tem a sua própria unidade que funcionará mais rapidamente do que o disjuntor.

Por fim, mostraram-nos as normas mais importantes que temos de analisar, como a IEC 61439-0, a IEC 61439-1, a IEC 61439-2, a IEC 61641 e a IEC 60439-1-1999.

Conclusão

As duas visitas foram essenciais para que o grupo solidificasse os conhecimentos sobre as principais características construtivas montadas nos comutadores da ABB, bem como para que pudessem observar por si próprios os projectos da Statoil que não seguem as normas da ABB, incluindo, por exemplo, o isolamento dos barramentos principais.

O sistema de deteção de arco foi analisado diretamente no quadro elétrico e foi fundamental a comparação com outras configurações para além do domínio ABB.

Anexo 2

Relatório 2 - Visita ABB 3

Introdução

Este relatório refere-se à visita à fábrica da ABB em Skien, que teve lugar em 11.03.2015, guiada por Emil Sather e Arne Onarheim. Os principais objectivos da visita foram:

- Para saber mais sobre o MNS Safety Plus;

- Para obter informações de testes anteriores efectuados pela ABB Skien;

- Compreender o funcionamento do equipamento da unidade central REA.

Actividades

Emil recebeu-nos como de costume e deixou-nos a sós para que pudéssemos ler uma apresentação da E-learning Society e perceber um pouco mais sobre o MNS Safety Plus.

A apresentação continha informações importantes para o nosso projeto. O MNS tem duas prioridades:

1) Proteção ativa contra o arco: a falha do arco é evitada;

2) Proteção passiva contra o arco: Se ocorrer um arco elétrico, os danos são minimizados.

Sobre as medidas de construção do produto: os compartimentos têm uma separação interna porque aumenta a segurança do pessoal; a proteção contra o contacto direto pode ser obtida através de medidas de construção adequadas no próprio conjunto.

Os barramentos são totalmente isolados monofásicos e as suas ligações são concebidas sem manutenção através de parafusos de bloqueio de rosca e anilhas de mola cónicas. As ligações entre o barramento, as barras de distribuição e as barras de derivação a outras unidades funcionais também são seladas.

Foram apresentados os pontos de ignição de um arco no interior do quadro elétrico. Alguns pontos são o lado de saída e de entrada do dispositivo de proteção contra curto-circuitos (DPCC) do módulo extraível, as barras de distribuição embutidas na parede multifunções, a cabina de entrada e os barramentos principais.

Os critérios de ensaio 1-5 para a proteção do pessoal da norma IEC 61641 foram mais uma vez realçados, a saber

    1) se as portas, tampas, etc., corretamente fixadas, não se abrem;

    2) se as peças (do conjunto), que podem causar perigo, não se desprendem;

    3) se o arco voltaico não provoca a formação de orifícios nas partes exteriores livremente acessíveis do invólucro em resultado da queima de tinta ou de autocolantes ou de outros efeitos;

    4) se os indicadores dispostos verticalmente não se inflamam (os indicadores inflamados em resultado da queima de tintas ou autocolantes são excluídos desta avaliação);

    5) se o sistema de ligação equipotencial para as partes acessíveis do invólucro continua a ser eficaz.

A zona livre de defeitos é comprovada pela parede multifuncional e por um cabo de parede dupla. Garante uma maior segurança entre as fases dos barramentos de distribuição ou entre os barramentos principais e o compartimento dos equipamentos, ou seja, é impossível que ocorra um curto-circuito.

Depois destas informações, Arne mostrou-nos os antigos testes de arco elétrico da ABB Skien. É importante saber que a corrente do arco é a seguinte:

$$I_{arc} = k * I_k''$$

Onde:

k: Fator de redução, influência da tensão nominal e I_k'' : Resistência nominal ao curto-circuito.

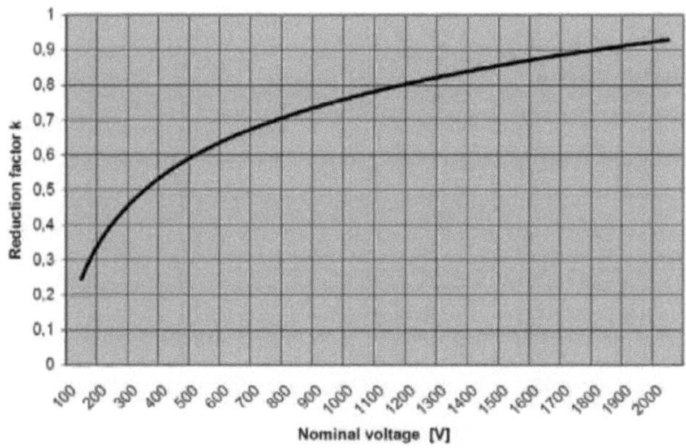

Figura 13 - Fator de redução k em função da tensão de funcionamento

E a resistência máxima do arco resultante em função da tensão nominal é a seguinte:

Tensão nominal [V]	Resistência nominal de curto-circuito [kA]
400	60
500	55
690	50

Depois de Arne nos ter dado esta informação interessante, outro engenheiro da ABB veio falar-nos da unidade central chamada REA utilizada nos seus comutadores. Os acidentes com arcos eléctricos acontecem e, em 65% dos casos, com o operador a trabalhar no painel de distribuição. Esta unidade central REA tem um tempo de disparo de 2,5 ms. O dispositivo detecta o arco através da luz e da corrente, mas a Statoil utiliza apenas a luz para detetar um arco.

Conclusão

Esta visita foi muito importante porque pudemos obter novas informações sobre o sistema de proteção utilizado nos comutadores de BT da ABB: a unidade REA.

Anexo 3

Relatório 3 - Visita ABB 4

Introdução

Este relatório refere-se à visita à fábrica da ABB e ao Laboratório de Alta Potência da NEFI, ambos em Skien, em 22.04.2015. Na ABB, fomos guiados por funcionários responsáveis pela montagem de testes para projectos da Statoil. O NEFI High Power Laboratory realiza testes de arco elétrico para várias empresas, incluindo a ABB. Um teste de falha de arco é realizado para provar a capacidade do equipamento de suportar tensões de uma falha de arco interno e a segurança do pessoal do equipamento durante um evento de tal falha.

Os principais objectivos das visitas foram:
- Veja os procedimentos dos ensaios de montagem e instalação em Aparelhos de Seccionamento de Baixa Tensão;
- Verificar as características de segurança contra o evento de arco elétrico aplicadas em comutadores específicos para a Statoil;
- Ver os procedimentos de um teste de arco elétrico num quadro elétrico e o que concluir sobre o seu comportamento após um segundo de falha.

Actividades

Para entrar na área de testes da fábrica, era necessário usar um par de sapatos apropriado, óculos e um colete para distinguir que éramos visitantes. As áreas de teste estão isoladas com vedações para garantir a proteção dos trabalhadores e dos visitantes da fábrica. A ABB estava a testar e a verificar todos os comutadores, disjuntores, sensores, etc. Testam tudo o que está no interior dos comutadores, exceto a estrutura. Num dos testes, introduziram 2500 V durante 1 minuto nos comutadores de 400 e 690 V para se certificarem de que o equipamento sobreviveria a uma sobrecarga.

Na segunda parte da visita, um engenheiro que estava a tratar de projectos da Statoil apresentou-nos os comutadores que estavam a vender e que se encontravam em fase de testes. Foi possível ver o compartimento de cabos eléctricos e de automação separados um do outro. Desta forma, diferentes técnicos de automação e técnicos de cabos eléctricos podem fazer o seu trabalho ao mesmo tempo. Além disso, a separação evita incidentes com arcos eléctricos.

Outro procedimento de segurança que pudemos observar foi uma "janela" na porta do quadro elétrico, que é utilizada para termografia. Com uma câmara colocada nesta "janela", é possível medir a temperatura no interior do quadro elétrico. Para além disso, foi-nos mostrado o sistema de interbloqueio mecânico. Quando alguém necessita de retirar o compartimento de arranque do motor, este sistema desliga-se instantaneamente.

Por último, vimos o MView que é utilizado em alguns projectos MNS, mas não é um padrão. Monitoriza o estado do quadro e apresenta informações para cada motor ligado e pode efetuar a manutenção remota dos disjuntores.

Perguntámos sobre o barramento isolado. A opinião do engenheiro sobre o assunto foi que não é necessário utilizá-lo em algumas áreas como, por exemplo, offshore. Neste tipo de local, não existem pequenos animais que possam provocar um curto-circuito no compartimento do barramento. No entanto, quando o quadro elétrico se encontra em zonas florestais, é necessário, porque os petiscos, ratos e outros animais podem entrar no interior do equipamento e provocar um acidente.

De seguida, visitámos o laboratório de alta potência do NEFI. Está situado na floresta por razões de segurança.

Fazem lá três tipos de testes:

- Arco elétrico;

- Sobrecorrente normal;

- Ensaios de rutura.

Mostraram-nos os resultados de um teste de arco efectuado no dia anterior (21/04/15). A duração do teste foi de 1s, a corrente média do arco foi de 20 kA e a corrente máxima foi de 50 kA. O curto-circuito é iniciado no compartimento dos cabos através de um fio que liga as três fases.

Foi possível ver ao vivo um ensaio de arco elétrico que ali realizaram num comutador de média tensão para um cliente da ABB da Índia. Infelizmente, o teste falhou e isso foi possível concluir porque havia fogo em pedaços de panos que colocaram fora do quadro, de propósito para verificar se o teste correu bem ou não.

Conclusão

A visita foi importante para se ter conhecimento prático de como são executados os testes de arco elétrico, bem como quais são as medidas de segurança necessárias para a realização destes testes. Para além disso, a informação mencionada na parte das Actividades, fornecida pelos colaboradores da ABB, foi fundamental para fazer comparações posteriores com características, relacionadas com a segurança contra o arco, fornecidas por comutadores de outros fabricantes.

Anexo 4

QUADRO 10 - Incidentes com arco elétrico em baixa tensão na Noruega em 2010 e 2011 (DSB)

500 - 1000 V	Arco com consequentes						
Referência	**Registo Data do acidente**	**Comuna**	**Endereço**	**Tipo de tensão**	**Causa presumida**	**Estado**	**Eiteut**
98907	08.07.2011 07.07.2011	**1102** Sandnes	Strandgatai 147 C.'o COSLPIONE ER (Plataforma:	Tensão AC	Desrespeito pelos regulamentos	Mensage m de acidente tratada	Ferido: Homem - 28 anos. Estrangeiro: Não. Ocupação / Função: Instalador elétrico. Nível de danos: Danos moderados. O número de dias perdidos por lesão: 3.
675	18.01.2011 11.01.2010	1635 Rermebu	VoU	Tensão AC	Negligência / acidente	Durante o tratament o	Ferido: Homem - 38 anos. Estrangeiro: Não. Ocupação / Função: **Outros** 18 anos no tempo. Nível de danos: Danos moderados. O número de dias perdidos por lesão: 20.-- -
26031	23.11.2010 18.11.2010	0301 Oslo	Dyvekesyei 2	Tensão AC	Negligência / acidente	Mensage m de acidente tratada	Ferido: Homem. Estrangeiro: Não. Ocupação / Função: Instalador elétrico. Nível de danos: Desconhecido. Número de dias perdidos por lesão: 1.
9336	09.07.2010 08.07.2010	**1001** Kristians **a** nd	Kristians e Jernbanestasj oil-. togspoj nr 1	Tensão AC	Desrespeito pelos regulamentos	Mensage m de acidente tratada	Ferido: Homem. Estrangeiro: Não. Ocupação / Função: Outros anos de trabalho IS. Nível de danos: Danos moderados.

Printed by Books on Demand GmbH, Norderstedt / Germany